美麗由此誕生

從1000多種美容方法中，
只告訴你真正有效的！

日本人氣女星 MEGUMI・著

前言

非常感謝各位讀者拿起了這本書。

我年輕時活躍於各雜誌媒體的拍攝，一年中有三分之二的時間都在熱帶地區度過，因為很嚮往當時流行的小麥色肌膚，便經常在臉上塗助曬油。

當時，我對於自己的膚況過分自信，不但沒有做任何保養，甚至常常沒卸妝就上床睡覺。

十年後，我的皮膚變得乾燥又暗沉，法令紋清晰可見。為了掩蓋這些問題，妝只好化得越來越濃。我的肌膚，就此陷入了惡性循環。

當時，我只要去上電視節目，播出後，網路上就會充斥著毫不留情地批評我的外貌的留言，像是「MEGUMI劣化」、「MEGUMI法令紋」、「MEGUMI老好多」等。

一直以來，誤以為自己的膚況很好，一下子便陷入了難以形容的焦慮之中。

哇，不妙，我以後會變成怎麼樣呢？

從那時起，我開始害怕拍照，害怕上電視，甚至不敢與別人見面。原本積極活潑的個性，也因此蒙上了一層陰影，徹底失去自信，完全變成了另一個人。

對我而言，這是一次震撼的經歷，因為容貌的劣化導致自我肯定感低落，甚至失去了行動力。

儘管我一直萎靡不振，當時的年紀也才三十歲。
人生還會持續下去。
因此，我決定開始執行以前沒有好好做過的「美容」，消除法令紋，重拾自信！

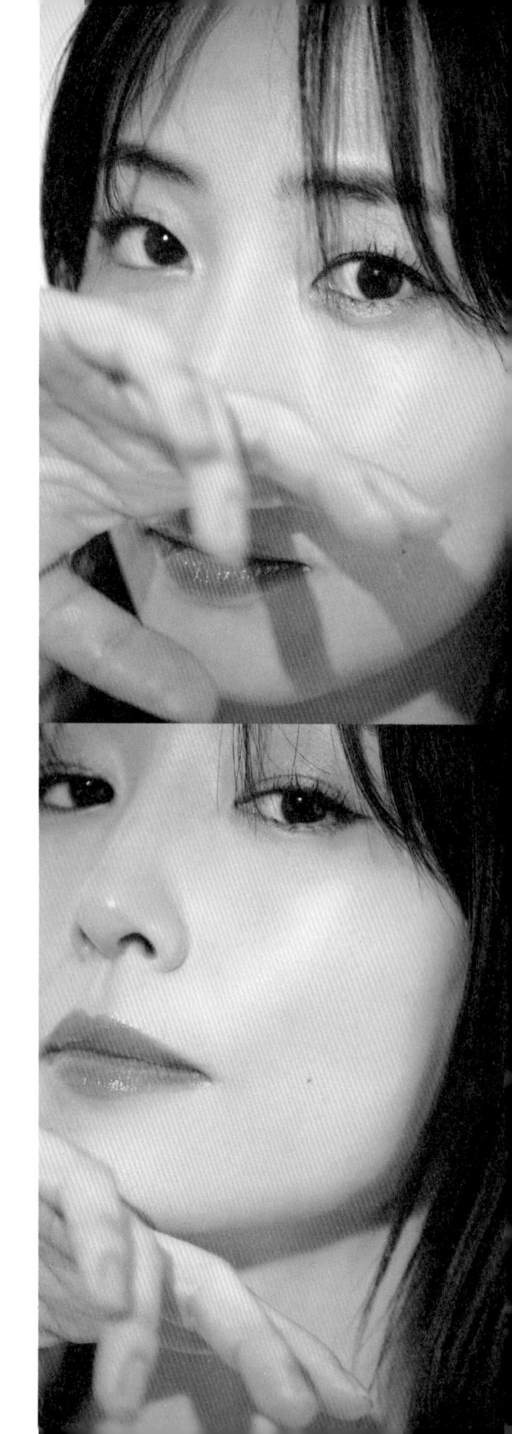

於是，我轉變了自己的心態。

在那之後，只要聽見不錯的方法我都會努力去嘗試。現在已經嘗試了上千種不同的方法，有些有效，有些完全沒有效，有些很一言難盡。

而我開始認真進行美容保養，已經八年了。

想不到法令紋就這樣消失！

與此同時，發現自己產生變化的不只是外表，連心境也發生了巨大的變化。

這本書中，將介紹親自嘗試過的各種美容方法中，真正有效的單品和做法。

女性是感性的動物，總在生活中扮演著不同的角色。

衷心希望所有像我一樣，每天努力工作的讀者們，能藉由這本書養成美容保養的習慣，點亮自己的生活。

MEGUMI

目錄 Contents

Make up

Chapter 2 史上最棒的妝容

Body

Chapter 3 令人難忘的女神體態

Hair

Chapter 4 偷走人心的美麗秀髮

Mental

Chapter 5 調理身心

※ 本書中列出的單品均為作者的私人物品。

※ 日圓價格為編輯部調查結果（含稅）（截至 2023 年 2 月）、台幣價格（含稅）（截至 2024 年 5 月）。

※ 價格可能會有所變動。

※ 本書僅提供資訊，讀者應自行判斷是否參考本書刊載的相關資訊。因參考本書而造成的一切損害，均由讀者自行承擔，作者、監修、出版社概不負責。

Chapter 1

改變命運的保養品

001

「面膜」最強理論
只要一片就能獲得滋潤和透明感

我沉迷於美容保養已十三年，嘗試過的美容方法有上千種。

每當聽見有什麼好產品，都會想親身體驗一下效果。

我的美容基礎出發點，不是昂貴的化妝品或醫學美容，而是每天都會用到的「**面膜**」。

我與面膜的相遇是命中注定的。

正如〈前言〉中提到的，年輕時因為拍攝平面寫真而長時間暴露在陽光底下，二十歲後半衰老得比任何人都快。

嘴巴周圍的法令紋清晰可見，其他男性工作人員甚至給我取了「八字紋」的綽號。

當我感到不安和焦慮，想要做點什麼改變時，在錄製綜藝節目的時候，第一次見到了如美肌代名詞般的存在——已故的美容教母佐伯千津[1]。

她首先推薦了「化妝水濕敷」（用水和化妝水沾濕化妝棉），我

1 日本知名美容教母，被譽為擁有黃金手指的美容師。

很老實地說「我沒辦法做到每天都濕敷！」她說：「敷面膜也可以，不一定要用很貴的。先從身邊的日常用品讓化妝水深入肌膚。每天都要做哦！」

從那一天起，我開始嘗試藥妝店賣的各種面膜。然後，**在短短一週內，發現臉頰變得水潤柔嫩，膚色明顯提亮一個層次，彷彿變了一個人。**

「美麗」是由美肌所打造的，而「補充水分」就是一切。

面膜是最強的單品，只是「放」在肌膚上，就能讓化妝水滋潤到用手塗抹無法滲透到的部分。

持續一年後，我的肌膚看起來完全不一樣，自然而然產生了「我改變了」的自我肯定感，開始有人會問：「妳變好多，是最近做了什麼嗎？」這也是令人感到高興的變化。

從那一天開始，已經過了八年，臉上的法令紋消失了。

「只要願意做保養，一定會有變化。」這種切身的經歷，就是我展開美容生涯的開端。

002

想要持久，
「LuLuLun」是唯一選擇！

只要願意保養，一定會有變化。但如果「沒有持續下去」是不會有結果的。

說到「持續」，我認為最能讓人長時間持續使用的面膜絕對是「**LuLuLun precious**①」。

像衛生紙一樣可以單手一張一張抽出的包裝、每次使用都不會有罪惡感的定價（有時候覺得「既然要用就用最好的」的念頭，反而是「讓人無法持續」的陷阱）、再怎麼忙碌也能隨時在附近的藥妝店買到等，LuLuLun是我根據自己的生活習慣和個性，所挑選出來的「結論」。

我敷面膜的頻率，是每天早晚共兩次。

早上洗臉後和晚上洗澡後，把面膜敷在臉上，大約三至五分鐘後，開始覺得肌膚有些涼意，就是摘下面膜的時機。順帶一提，記得避免長時間敷在臉上，因為滋潤成分反而會被面膜帶走！

人們有時候會說：「女明星能擁有漂亮的肌膚，是因為她們用得起高級的保養品吧？」事實並非如此，我的肌膚變化是十多年來每天堅持使用面膜的結果。

①【面膜】（早）LuLuLun Precious GREEN（均衡型）32片／¥1,980
（晚）LuLuLun Precious RED（保濕型）32片／¥1,870

003

35歲過後就捨棄「乳液」選擇「乳霜」

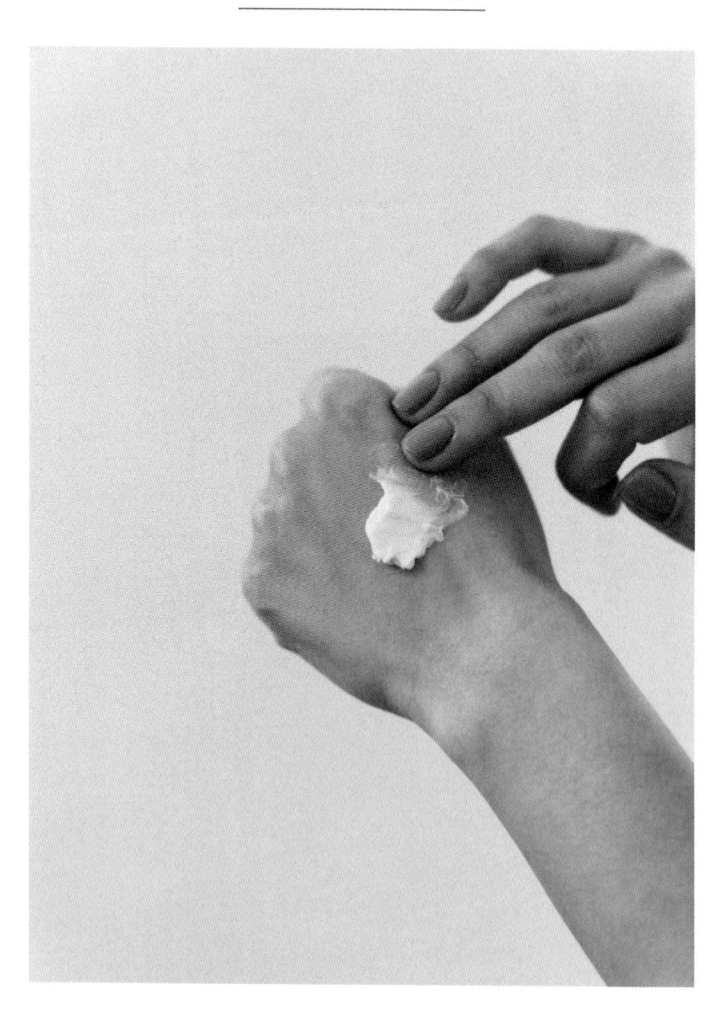

敷面膜就像是在肌膚上耕耘，而下一步要塗抹的，就是能為土壤提供最佳養分的「**美容液**」。

我最近很中意的「NMN」美容液是ELEGADOLL的「NMN Fresh Fiber 6000」①。NMN（β-煙醯胺單核苷酸）是一種有望抗衰老的成分，最近備受關注。以我的情況來說，持續使用含有NMN的美容液，肌膚便會由內到外變得豐潤緊緻，每次觸摸肌膚時都會覺得更愛自己了。

用美容液灌溉完「養分」後，最後再用「**乳霜**」覆蓋。

和乳液相比，乳霜的質地更厚重緊實，能打造出維持水潤感的美麗肌膚。因為我無論如何都想防止導致皺紋和鬆弛的乾燥，所以塗抹油脂含量高的乳霜保護肌膚。

我最喜歡的是**CAMYU的「CBD Face&Body Lotion LEO」**②和**Otonë的「GENTLE CREAM」**③，味道非常好聞，讓人忍不住想深呼吸。喜歡它的另一個原因，是之後即使要擦上防曬乳也很好塗抹。

①【美容液】 ELEGADOLL NMN Fresh Fiber 6000 6g ／￥9,350
②【面霜】 CAMYU CBD Face ＆ Body Lotion LEO 90g ／￥9,240
③【面霜】 Otonë GENTLE CREAM 50 ㎖／￥6,800

MEGUMI流派 晨間保養步驟

因為早上總是忙得要命，所以我制定了一套快速且最有效的保濕步驟。
從這層意義上來說，這些都是精心挑選出來值得信賴的單品！

step 1 洗顏慕絲

使用泡沫像鮮奶油一樣柔軟的洗面乳，只要置於肌膚上 30 ～ 45 秒（根據不同產品可能需要 1 ～ 2 分鐘）即可去除汙垢。摩擦會導致肌膚問題，所以要用不需搓揉就能清洗的產品。

A DUO 三合一碳酸賦活泡洗顏 BK 150g ／¥3,300

B ONE STONE TWO BIRDS 不只洗臉 + 也可敷臉的洗面乳 白色豪華版 150 ㎖／¥2,200

step2 面膜

洗完臉後，立刻將面膜貼敷在肌膚上，放置 3 ～ 5 分鐘。當你感覺到角質層深處有清涼感時，就可以摘下面膜，用面膜中殘留的化妝水來滋潤頸部。

C LuLuLun Precious GREEN（均衡型）32 片／ ¥1,980

step3 美容液

不要固定使用同一款美容液，要根據當下的膚況選擇適合的產品。

D ELEGADOLL NMN Fresh Fiber 6000 6g ／¥9,350

step4 乳霜

用乳霜代替乳液覆蓋肌膚，防止肌膚乾燥。關鍵在於，不要在容易分泌皮脂的部位塗抹太多。

E CAMYU CBD Face ＆ Body Lotion LEO 90g ／¥9,240

step5 護唇膏

如果在塗抹口紅之前擦護唇膏的話會不好上色，所以要在日常保養時就為嘴唇保濕。

E BIODERMA 貝膚黛瑪 滋潤修護唇膏 4g ／¥1,320 ／台灣售價 NT.199

step6 防曬品

一年三百六十五天，臉上的防曬品是不可或缺的。滋潤又好聞的 AYURA 讓我多次回購，這已經是第八條了！

G AYURA Water Feel UV Gel α 清爽輕盈防曬 SPF50+-PA++++ 75g ／¥3,080

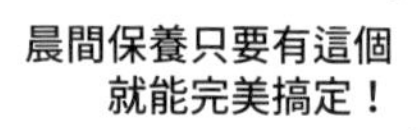

step7 睫毛美容液

自從不再接睫毛以後，我都會擦美容液來延長自己的睫毛。

H WMOA 睫毛增長液／¥5,500

step8 頭皮護理

做完肌膚保養後就立刻化妝的話，會很容易暈妝，所以要花點時間等待肌膚吸收，可以利用這段時間來做頭皮護理。用頭皮按摩刷按壓住頭皮後，左右移動，慢慢紓緩頭皮。只需短短30秒，臉部就會緊緻起來。

I uka 舒活頭皮按摩刷 中硬款／¥2,420／台灣售價 NT.680

004

美容用品的擺放位置是關鍵
放在「動線上」讓保養習慣更持久

只要開始護理肌膚，你的肌膚就會一天一天有所改變。

然而，我想強調的是：「真正的勝負現在才要開始！」就算覺得自己的肌膚「發生變化」，一旦停止保養馬上就會恢復原樣的。

就像吃飯一樣，每天都要給自己的肌膚補充充足的水分。肌膚的命運，取決於你認為「偶爾保養一次就好」還是下定決心「每天都要做到」。

要「長時間堅持」或許會讓人有些卻步，但只要「設計」一套能自然而然持續下去的小巧思，就可以了。

最推薦的方法，是把美容用品放在自己「生活動線」上。比方說，我家的面膜不會只放在浴室裡，還會放在廚房。

早上趕時間時，家人剛好在浴室裡的話，我就會到廚房往臉上潑水洗一洗，有時甚至會用廚房紙巾擦臉。接著，我會在廚房裡一邊敷著面膜，一邊做家事或準備。大家想像得到，我的早晨有多麼手忙腳亂了嗎？

不過，如果你也是每天早上因為工作或家庭而忙東忙西的話，相信你會感同身受。對於我們這樣的人來說，只要把美容用品放在更多不一樣的空間，美容就會越來越融入在生活中，我們也就會變得越來越美。

像我的其他化妝品也不是放在浴室，而是放在客廳中間。以前都是放在自己的房間裡，但放在客廳裡明顯動線更好！即使從別人的角度來看不是常見的事，只要是讓你覺得「如果放在這裡，我就會記得保養」的地方，不管是在客廳、浴室還是臥室，都是理想的地方。這一點我能保證。

美容的關鍵，在於長久持續想成為「天生麗質的人」；唯一的方法，就是透過每一天的積累來提升自己。

這就是為什麼肌膚的命運，取決於你如何將美容融入自己的生活和動線中。

005

「女優肌」是可以用蒸氣打造的

經常有人問我：「為什麼女演員的皮膚都那麼好？」

當然，膚況是因人而異的，但根據我近距離觀察的結果，多數女演員每天都會使用「蒸臉機」。

「蒸臉機」是利用溫熱的蒸氣讓肌膚變得豐滿柔軟，提亮暗沉的膚色。它能改善上妝效果，使粉末緊密貼合肌膚。

我每天沒有那麼多閒暇時間，所以會盡量每週在家進行一次特別護理，一邊清潔一邊沐浴在蒸氣中。平時的清潔會使用「卸妝水」，但在進行特別護理時，我會改用**「DUO 五效合一卸妝膏」**①。透過溫熱的蒸氣打開毛孔、清除汙垢，肌膚會變得柔軟細嫩，毛孔中看不見的汙垢也會徹底被清除。

徹底清潔過後的洗臉，只需要用像鮮奶油一樣的泡沫**洗面乳**②包覆肌膚，不需搓揉，直接沖洗乾淨即可，盡可能避免觸碰皮膚。

在為肌膚補充水分前，「去除汙垢」是非常重要的。每週一次沐浴在蒸氣中卸妝，是為了保持肌膚的透明感。蒸完臉之後，別忘了要保濕！

①【卸妝膏】　DUO 五效合一卸妝膏 90g ／¥3,960 ／台灣售價 NT.1,250
②【洗面乳】　DUO 三合一碳酸賦活泡洗顏 BK 150g ／¥3,300
ONE STONE TWO BIRDS 不只洗臉＋也可敷臉的洗面乳 白色豪華版 150㎖／¥2,200

006

蒸臉機只要「5000日元」左右就很足夠

我家的**蒸臉機**①，是在亞馬遜網站上以不到一萬日元的價格購買的。化妝師告訴我「市面上有很多便宜又好用的蒸臉機」，我對自己找到的這款蒸臉機，產生的蒸氣量非常滿意！

如果功能太過豐富，自己也無法靈活運用，突然買了個好幾萬塊的高價產品，會發現自己可能完全不會拿出來用。所以，建議大家先從負擔得起的產品入手。

我認為，蒸臉機至少應該具備兩種功能。能夠釋放出「溫熱的蒸氣」和「大量的蒸氣」。這是因為打開毛孔需要溫熱的蒸氣，蒸氣越多，肌膚就越滋潤。至於蒸臉機的內容物，「自來水」就足夠②。我也是用自來水代替純淨水，打開水龍頭就能使用的便利性才是「能持續下去的理由」。

美容保養最重要的是持續下去。運用「平價」和「方便」的優勢才是「聰明女人的策略」。

① 【蒸臉機】 FESTINO Nano Steamer 奈米潔顏蒸臉器／￥8,800／台灣售價 NT.3,280
② 取決於產品

007

先卸除「重點彩妝」才能防止色素沉澱

卸妝時，我都使用「卸妝膏」或是加強「保濕」功能的**「卸妝水」**[①]，這些卸妝產品和卸妝油不同，對肌膚比較溫和，但相對的卸妝效果就比較差。

因此，我會先使用OSAJI的**「重點彩妝卸妝液」**[②]卸除重點彩妝。卸妝液主要卸除的範圍是「眼彩」和「唇彩」。這些部位容易色素沉澱，且肌膚敏感，卸妝時千萬不要揉搓。

用卸妝液沾濕化妝棉，放置在眼睛和嘴巴周圍幾秒鐘，然後取下。摩擦是肌膚最大的敵人，會導致皺紋和黃褐斑。這麼說也不為過：在洗臉和卸妝的時候，「避免摩擦肌膚的程度」將決定半年後的肌膚命運。

眼睛和嘴巴周圍的妝容要迅速而慎重地卸除，這樣才能持續保持嬌嫩肌膚與生俱來的天然色素，打造乾淨澄澈的印象。

①【卸妝水】　SISI I'm Your HERO 230 mℓ／￥3,980
BIODERMA 貝膚黛瑪 舒敏高效潔膚液 250 mℓ／￥2,530／台灣售價 NT.450
②【重點彩妝卸妝液】　OSAJI 重點彩妝卸妝液 80 mℓ／￥2,750

008

改善肌膚
要從消除「暗沉」做起

不幸的是，我們隨著年齡的增長，即使一句話都沒說，也會給人一種「壓迫感」。無論男女，擁有一張「令人容易搭話的親切面孔」是非常重要的。我相信，這也能帶來更好的相遇和機會。

肌膚不暗沉，充滿「光澤」和「透亮」的女性會吸引人們和美好的相遇。所以女人的肌膚，要先從消除「暗沉」做起！

為了去除老舊角質，打造光彩透亮的肌膚，五年多來，我堅持每週使用一次**「泥膜」**。泥膜中含有礦物質，能夠去除平日清潔無法徹底去除的汙垢和多餘的角質。只需敷一次，就可以得到臉部提亮、柔嫩肌膚、緊緻毛孔的效果。

我通常是在洗完臉什麼都還沒擦的狀態下，泡在浴缸裡，將含有海底泥的**NEROLILA Botanica的「肌淨化面膜」**①等塗抹於整個臉部，接著泡在浴缸裡十五分鐘後，沖洗乾淨即可。

暗沉消失後的肌膚，會呈現出更加白皙剔透的透明感。只要每週敷一次泥膜，就能獲得澄淨透亮的肌膚，為迎接「幸運」和「邂逅」的絕佳機會做好準備。

①【泥膜】　NEROLILA Botanica「肌淨化面膜」65g／￥4,950
innisfree 超級火山泥毛孔潔淨面膜 2X 100㎖／￥1,760

009

為什麼隨著年齡增長，我們的眼睛會變小，鼻子會變大？

悲傷的是，隨著時光流逝，我們眼睛下方的皮膚會開始下垂。雖然可以透過手術切除下垂的皮膚，但可能會看起來很不自然。這就是為什麼我會持續鍛鍊臉部肌肉。

參考YouTube影片嘗試許多方法後，讓我感到效果卓越且非常感動的頻道，則是「還曆 俏麗媽媽的回春童顏頻道」和「美容整體師內山老師①」。一開始，很難跟著影片移動臉部肌肉，但不斷努力嘗試就能做到了。

尤其是俏麗媽媽的「咬住舌頭，抬起下眼皮的肌肉訓練②」效果非常顯著。只要眼睛下方看不出老態，無論到了幾歲，眼睛永遠會是「嬌點」，所以我很推薦肌肉訓練。

除此之外，大家有沒有過這樣的經歷呢？勤於保養後，卻發現鼻子變得紅通通的！我有過這樣的經驗。現在我的鼻子依然很容易變紅，是個存在已久的煩惱。

根據皮膚科醫師的說法，鼻子容易分泌皮脂，所以皮脂氧化後會變紅。從那以後，我就儘量避免在鼻子上塗抹過多的乳霜，油分多的東西也只會稍微碰一下。

同樣該注意的是，伴隨年齡而來的變化是「鼻子會變大」。這似乎是因為鼻子的骨骼會隨著年齡增長產生變化或鬆弛，進而橫向擴張。

由於鼻子位於臉部正中央，變寬後會給別人帶來不同的印象，所以要適時做護理和按摩，保持鼻梁硬挺。

這方面我也是參考了YouTube影片，持續按摩鼻子，用手指拉伸後再推回原位（按摩方式有很多種，選擇自己感興趣的）。把鼻子往內側推，就能感覺得出變寬的鼻子稍微恢復到原來的形狀。

我一貫的主張是：臉上沒有動不了的部位！如果有什麼部位很困擾你的話，可以搓一搓、揉一揉，讓它恢復到原來的位置。當眼睛、鼻子、嘴巴的界線開始變得模糊時，就是「老化」的徵兆，所以要針對這些部位按摩，讓它們保持緊緻。

①【YouTube】　美容整體師內山老師。
https://www.youtube.com/@biyouseitai-uchiyama
②【下眼皮鬆弛的伸展操】　還曆 俏麗媽媽的回春童顏頻道 @user-to7bz2mp8u
「徹底強化眼睛下方的肌肉！伸展眼輪匝肌，打造年輕雙眸！」

010

女演員也想知道！
提升透明感的「天然植物角質調理」

當我在電視上介紹時，同台的女來賓和觀看節目的女演員們最感興趣的，就是運用植物力量去除角質和汙垢的**「天然植物角質調理」**。

這是一種從天然植物中萃取的粉末，可以溫和地去除角質，使肌膚煥發活力，顯著提升肌膚的透明感，讓你更接近年輕時的豐盈肌膚。

多年來，我一直會去**「銀座ROSSO」**進行**「陶瓷肌護理」**①。沙龍裡也有販售家用產品，所以我有時會在家裡進行臉部去角質。塗抹在鼻子上再撕下來時，感覺會像是有一層薄膜剝落，很適合擔心出現草莓鼻的時候使用。

①【美容沙龍】　「銀座 ROSSO」
〒104-0061 東京都中央區銀座 1-8-14 銀座大新大樓 6F
TEL 03-5524-2021

011

為什麼臉的下半部會隨著年齡增長而「變長」呢？

人類看起來顯老的原因，就是臉的下半部變長了！

年輕的時候，從鼻子到下巴的距離很短，但隨著年齡的增長、骨骼的變化和地心引力，會拉長臉的下半部。此外，嘴角也會下垂，整個嘴巴向前突出，變成了一張很抱歉的猩猩臉！

以前我為了消除法令紋，上網查詢「讓法令紋消失的臉部肌肉運動」的各種資訊時，找到的是**牙醫是枝伸子醫師**。也偶然發現了是枝醫師的書[①]，開始進行縮短下半部的臉部肌肉運動，強烈地感覺到明顯阻止了嘴巴周圍的變化。

我目前正在努力學習英文，而英文是一種會動到臉部肌肉的語言，日文卻只需要動到嘴巴。如果不能有意識地鍛鍊自己的臉部肌肉，你的肌肉只會越來越弱。

為了不顯老，時時刻刻保持美麗，建議大家開始鍛鍊臉的下半部，永遠不嫌晚。

①【書】　《想當美人就要鍛鍊臉的「下半部」！》是枝伸子　著／講談社

012

用「頭皮按摩」來拉提臉部！？

自從二十多歲出現法令紋以來，臉部拉提就成了我的一大課題，自己就能做到且效果十足的方法，就是**「頭皮按摩」**。

大家或許會想，頭皮跟臉部拉提有什麼關係嗎？我只能說，關係可大了。我的情況是嘗試只按摩了右半邊的頭皮，結果我的臉只有右半邊很明顯地有了拉提的效果。

在早上保養過後，化妝之前，我會用**uka的「舒活頭皮按摩刷（中硬）」**① 按摩頭頂、太陽穴和後腦勺三十秒至一分鐘。按摩的訣竅，是先用頭皮按摩刷按壓住頭皮後再移動，才能避免傷害到頭皮。順帶一提，根據脊骨神經醫師的說法，後腦勺有胃腸的穴位，可以有意識地按壓紓緩。

按摩頭皮可以迅速緩解頭部和肩膀的僵硬，讓頭腦清醒，還可以消除心中的煩悶，產生許多積極正向的變化，所以很推薦給大家。

①【頭皮按摩刷】 uka 舒活頭皮按摩刷 中硬款／￥2,420／台灣售價 NT.680

013

大多數女演員都有「這個」

「CELLCURE 4T PLUS」[1] ── 你聽說過這款最多女演員使用的「美容儀」嗎？我用過所有知名的美容儀，其中讓我覺得是命定商品的就是「CELLCURE」。

由於操作起來方便簡單，深受急性子或忙到沒什麼時間的女演員們喜愛。市面上許多美容儀操作起來很複雜，但CELLCURE的操作按扭只有三個，簡約到令人懷疑，且效果非常顯著！

除了拉提效果外，它之所以如此受歡迎的另一個原因，是它擁有一個特殊的模式，可以運用微電流徹底去除汙垢。

當你用化妝棉浸泡化妝水並施加電流，化妝棉會變黑，皮膚會變得很光滑！第一次嘗試時，化妝棉變得很黑，我感到震驚萬分，不敢相信自己的皮膚以前有多麼粗糙！

據說，黑色是來自外部空氣的汙垢、廢物、老舊角質、彩妝的殘留物，你可能會驚訝地發現，我的皮膚上居然有這麼多汙垢！

有時早上才剛起床，臉就已經是棕色的了。CELLCURE也能一舉拯救這樣的肌膚狀況。

還有一種可以導入化妝水或美容液的模式，使用美容儀就能切身感受到滲透進肌膚裡的感覺！此外，還有使用EMS進行臉部肌肉鍛鍊的模式、拉提模式。

短時間內，我的臉明顯變小，如果繼續使用下去的話，總有一天整張臉會消失不見的吧。

在拍攝之前，把「CELLCURE」所有模式都用過一次，大幅提升肌膚的層次，讓肌膚看起來更具吸引力。

美容儀真的能夠提升肌膚的水準，天天使用的話，相信在五年後、十年後肌膚就會發生變化。雖然價格不便宜，但可能會讓你覺得物超所值。現在也有美容儀的租賃服務，強烈建議大家嘗試一次，看看效果如何。

①【美容儀】 BELEGA CELLCURE 4T PLUS ／￥180,400

014

「脖子」和「胸口」出乎意料地會被別人注意

我介紹的保養方法不僅適用於臉部，也應該對脖子和胸口進行相同程度的保養。希望大家不要抱持著「保養完臉部順便保養頸部」的想法，而是把胸口也納入臉部保養的一部分！

這是因為臉部和頸部的反差最容易顯現出老態，只要經過保養，周圍人們的反應就會產生變化，而提高身為女人的美人度關鍵，就在於「脖子」和「胸口」。

脖子上的皺紋，最好在長出來之前就徹底預防！一旦脖子形成較深的皺紋，就需要時間和金錢來消除它們。只要細心保養，就能事前預防皺紋形成。

脖子和胸口的保養方式和保養臉部相同，去除老舊角質、補充充足水分是最基本的。和臉部保養一樣，我也會每週用一次泥膜、每三天用一次**Aēsop®的「肌膚救贖身體去角質露」**[1]保養脖子。

①【身體磨砂膏】　Aēsop® 肌膚救贖身體去角質露 180 mℓ／¥4,015／台灣售價 NT.1,150

015

臉部和頸部的「胎毛處理」每月進行2次

我會決定完全交給專業人士來進行的，是「臉部和頸部的胎毛處理」。胎毛容易沾染灰塵和汗垢，讓肌膚變得暗沉。無論是臉還是脖子，沒有胎毛的肌膚看起來肯定會更乾淨漂亮。但自己動手剃胎毛難免會對肌膚帶來傷害，還有可能讓胎毛的斷面變粗、看起來更濃密。

所以我每個月有兩次會到常去的沙龍BONITO[1]，透過熱蠟清除胎毛、蠕形蟎蟲、毛孔汙垢。我這麼做已經持續了九年。在沙龍做完熱蠟除毛後，會得到良好的護理，所以很令人放心。

有時候只是隔了一個月左右再去，汙垢就會多得驚人。我要強調很多次，臉上會沾附各式各樣的東西，真的很髒。

如果想在家裡自行剃除胎毛的話，建議不要使用剃刀，**最好使用家用除毛熱蠟或除毛凝膠**。

① 【美容沙龍】 「BONITO 澀谷總店」
〒 150-0043 東京都澀谷區道玄坂 1-19-12 並木大樓 4F
TEL 03-6416-5326

016

每週一次的護理
打造魅力滿點的「迷人雙唇」

由於口罩時代的延續，嘴部周圍的肌肉總是處於放鬆狀態，嘴唇的緊實感也容易減弱。

為了保持魅力雙唇，我每週都會進行一次**唇部特別護理**。只要做過一次，就能明顯感受出「和平時不一樣了！」是一種立即見效的護理方式。

每週一次，在完成夜間保養後，我會用**hanalei的「蜜糖唇磨砂膏」**①進行按摩。去除多餘的角質後，用紙巾輕輕擦拭，然後將**OAJI的「護唇蜜」**②像美容液般的塗抹。光是這樣就能明顯感受到嘴唇變得豐滿了起來，而更讓人高興的是第二天早上。當你照鏡子時，會看見水潤彈嫩的嘴唇。

關於一般的保養，我目前個人愛用的是**BIODERMA貝膚黛瑪的「滋潤修護唇膏」**③。它不會太油，也不會太硬，能散發出漂亮的自然光澤。

擁有水潤嘴唇的女性，會給人一種「優雅」的性感魅力。

想要做到這一點，每天的嘴唇保養是必不可少的。

①【唇部磨砂膏】　hanalei 蜜糖唇磨砂膏 22g ／￥3,690
②【護唇蜜】　OAJI 護唇蜜 10g ／￥990
③【護唇蜜】　BIODERMA 貝膚黛瑪 滋潤修護唇膏 4g ／￥1,320 ／台灣售價 NT.199

017

夜間保養加上「精華油」讓肌膚在早晨煥發活力

說到補水，晚上保養時為肌膚做的保濕，得是早上的一．五倍。睡覺的時候皮膚會非常乾燥，如果保養品不塗抹到有些黏稠的程度，就代表還不夠滋潤。保養步驟基本上與早上相同，但使用的單品略有不同。

我使用的面膜是高度保濕的**「LuLuLun Precious RED（保濕型）」**。美容液也和早上使用的不同，我會選擇**SIMIUS的「維他命C原液」**①或**胎盤素**等具有美膚效果的成分。

與早上保養最大的不同之處，是在美容液之後塗抹**「精華油」**。我屬於乾燥肌，所以使用**Otonë的「RITUAL OIL SERUM精華油」**②讓肌膚即使是夜晚也不受乾燥影響。

最後要塗上乳霜，可以和早上使用相同單品，或是薄薄地塗上一層更濃厚的乳霜。因為睡覺時，會促進皮膚新陳代謝和再生，所以室內也要維持一定濕度防止夜間乾燥，保住水分。

①【美容液】　SIMIUS 維他命 C 原液 20 mℓ／¥6,600
②【精華油】　Otonë RITUAL OIL SERUM 精華油 45 mℓ／¥6,600

018

搶救大作戰！
肌膚乾燥時的個人保養流程

每隔一兩年，我會因為緊湊繁忙的工作而疲憊到極點，皮膚很容易變得粗糙。我平時是不太會長痘痘的人，這種時候就會冒出一堆惱人的痤瘡，皮膚就像潰爛了一樣！

在演藝圈工作，難免會碰到工作重疊的時期，這種情況應該每個人都經歷過。重要的是，該如何度過這樣的時期。

就我而言，這種情況發生時，會立刻改變保養品和飲食習慣，並完全停止所有平時會做的保養流程。只單純塗抹兒童也能使用的溫和親膚美容液。冒出痘痘就代表皮脂分泌很旺盛，因此不宜再塗抹油分較多的精華油或乳霜。

心裡難免會覺得這樣的保養不到位，但得忍住才行。當臉上冒出了不乾淨的東西時，「減法」才是最好的美容方法。

我會拿來當成急救保養美容液的產品，是前面介紹過去了多年的沙龍**BONITO**的**「Moist Routes 高保濕精華液」**①。溫和成分可以有效補水，粗糙的肌膚只要這瓶就能搞定！

順帶一提，我也試過完全不做任何保養的**「肌斷食」**，但個人的結論是「最低限度的補水是必要的」。由於我屬於乾燥肌，所以停止為肌膚補充水分的話，會有更多壞處。

改變平時的飲食習慣也很重要。首先，炸物和炒物通通NG。因為想讓身體排毒，所以改吃味噌湯和米飯等粗食，盡可能多喝水，以幫助排出體內的有害物質。

當然，我也會去皮膚科就診，調整生活方式是變美的第一步。皮膚粗糙是身體內部出現問題的徵兆，所以飲食和保養要簡單一點。

觀察自己的狀態，考量自身的體質、生活作息、生理周期等各方面因素，仔細思考「今天做什麼對身體最好」後，再採取行動。這對肌膚是很重要的。

①【急救保養美容液】 BONITO Moist Routes 150 ㎖／￥16,500

019

一年365天
都不會忘記擦「防曬乳」的理由

紫外線是皮膚最大的敵人，會引起各種皮膚問題，如斑點、皺紋、暗沉等。我在二十多歲時，曾經歷過嚴重的皮膚損傷，所以現在一整年都不會忘記擦防曬乳。

除了肉眼可見的皮膚問題外，紫外線還會用各種方式攻擊我們，例如，讓角質層增厚、皮膚變硬，產生活性氧並導致老化。無論是冬天、陰天或室內，都會有紫外線的照射，所以千萬不能掉以輕心。雖然現在很多化妝品都含有SPF和PA，但最有效的方式，還是塗抹防曬專用的防曬乳或凝膠。

至於臉部防曬品，我一直很喜歡用**AYURA的「水感高效防曬凝膠」**①。它帶有一種好聞的草本香，水凝質地易延展，沒有防曬乳特有的乾燥和緊繃感。就算每天使用也不會膩，不知不覺中已經用到第八條了！擦防曬乳不能吝惜，要大量塗抹，肯定會改善你的肌膚。

①【防曬乳】　AYURA 水感高效防曬凝膠 SPF50+・PA++++ 75g ／￥3,080

020

讓「曬傷」消失的特別護理

哪怕已經夠留心了，也還是會有不小心曬傷的日子。

碰到這種情況時，只要在「當天」好好保養，就會沒事的。根據我多年來的經驗，除非是非常嚴重的曬傷，否則只要認真保養都能戰勝曬傷。

首先，在曬傷的日子裡，卸妝前先**「清水洗臉」**。這是受到OSAJI的總監茂田正和的著作《到了42歲該停止與該開始的美容法》的影響。

書上說，無論有沒有曬傷，如果在臉上附著著外界空氣、汗水、花粉等情況下清潔皮膚的話，刺激肌膚的物質就會侵入皮膚。所以應該先用清水洗掉彩妝最外層的汙垢，用毛巾輕輕擦拭後，再開始進行清潔。

一旦曬傷，代表暴露在室外空氣中的時間比平時更長，身上的附著物也會更多。所以，我認為曬傷後有必要「用清水洗臉」。

卸妝膏對於曬傷後十分乾燥的肌膚來說太過刺激，所以一定要改用「卸妝水」。洗臉時，要使用不需搓揉就能一邊保濕、一邊去除汙垢的泡沫洗面乳。

在開始一般的保養前，記得先使用**「泥膜」**。泥膜可以鎮定肌膚，為肌膚注入礦物質。

曬傷時，我會毫不吝惜地使用含有大量美容分成的高級面膜。比方說，很推薦純素化妝品品牌 **mirari**[1] 或 **Clé de Peau Beauté 肌膚之鑰的面膜**[2]。然後再塗上一層凝膠或乳霜，保養就完成了。

曬傷後的主要重點是補水，精華油就先暫停使用。

用這種方式溫和地對待肌膚，注意補充水分和鎮定，第二天早上的肌膚狀態通常會變好。

熟悉自己的肌膚，並制定一套自己的療癒流程才是成熟的女性。如果碰到了這樣的狀況，就試試看急救保養吧！

①【面膜】 mirari 6 types mirari set Facial Treatment Mask ／￥3,740

②【面膜】 Clé de Peau Beauté 肌膚之鑰 塑妍逆引鑽白面膜／￥33,000／台灣售價 NT.10,500

021

我的最佳「醫學美容」

雖然我像魔鬼一樣嚴格進行自我管理，但要打造「難以置信的美麗肌膚」，**「醫學美容」**也是不可或缺的。

因為想要擁有自然美麗的肌膚，所以我不做埋線或手術，只選擇能達到自然美麗的治療方法。

接下來，將分享自己親身嘗試過的好方法。

◆到底什麼是「醫學美容」？

「美容醫學」是由持有醫療執照的醫師，出於美容目的而進行的治療。醫美診所主要有**「美容皮膚科」**和**「美容整形外科」**，而會動到手術刀的是「美容整形外科」。兩者都不同於一般的「皮膚科」和「整形外科」，基本上都是自費醫療（不在醫療保險範圍內）。

◆ 「音波拉提」（一次二十萬日元左右）

「音波拉提」是一種歷史悠久的醫學美容。「音波拉提」也被稱作「不動刀的拉提術」，運用超音波使皮膚深層收縮，改善鬆弛。我覺得臉變小了一圈，法令紋變淺，嘴角上揚了。「音波拉提」有很多種，我常去的**「THE ROPPONGI CLINIC」**①所使用的是**「黃金倍提音波」**。沒有恢復期，但個人覺得滿痛的！不過深層肌膚變得緊實，效果非常卓越，大概每四個月去一次。

◆ 「小臉音波美容」（一次三萬日元左右）

嚴格來說，這並不算是醫學美容，但我非常推薦**在美容沙龍**②**就可以做的「小臉音波美容」**。這是一款內行人才知道的拉提美容儀，但它非常受歡迎，幾乎是人人都嘗試過的療程。不但沒什麼疼痛感，每次不到三萬日元，價格合理，但效果顯著。

我試過被稱作音波拉提最頂級的**「超音波拉提」**和相當昂貴的**「電波拉提」**，但在拉提和緊實深層肌膚方面，我覺得效果最好的是「小臉音波美容」。一個月接受一

①【醫美診所】　「THE ROPPONGI CLINIC」
〒 150-0022 東京都澀谷區惠比壽南 3-11-14　TEL 03-5708-5413

②【美容沙龍】　「RILLEE-ON」銀座總店
〒 104-0061 東京都中央區銀座 2-4-8 GINZA YUKI BLDG 2F　TEL 03-6271-0308

次療程，就會產生巨大的變化。

◆「NMN點滴療法」（100mg五萬五千日元左右）

我目前最仰賴的是「NMN點滴療法」[3]。它可以有效補充「NMN」，有望抗老而引起了全世界矚目。以我的情況來說，只要使用這款點滴一次，不光是我的臉，就連全身的肌膚都會變得水潤柔軟，還能消除倦怠感，讓頭腦煥然一新，每次使用都能感受到非凡的效果。由於效果很強，所以每個月只去一次。有時候和美容業的夥伴並排坐在一起，一邊打點滴一邊交換資訊也是很愉快的時間。

◆在「美容皮膚科」定期保養

我會定期去「美容皮膚科」進行保養。有時候針對特定部位進行保養，有時則直接告訴醫師「我就想要漂亮美肌」，請醫師提供必要的治療。以下是我目前做過後覺得還不錯的療程[4]。

・改善膚質：**皮秒雷射**（疼痛感「弱」）

・擾人色斑：**雷射**（疼痛感「弱至中」）

・改善毛孔：**微針療法**（疼痛感「中」）

・解決睡眠時咬緊牙關的問題：**肉毒桿菌注射**（疼痛感「中至強」）

說到皺紋，最令人擔心的就是醒目的垂直紋了。

如果整張臉都很光滑的話，面部表情就會顯得十分平淡，我認為有點笑紋會更討人喜歡。

③【NMN 點滴療法】　「REVI CLINIC 銀座院」
〒104-0061 東京都中央區銀座 1-8-14 銀座大新大樓 7F　TEL 03-5579-5703

④ 各種不同需求應諮詢醫生。

022

透過「三溫暖」打造零毛孔無暇美肌

最近開始收到對我的肌膚各種稱讚。「和兩年前相比，幾乎看不到什麼毛孔」、「最近皮膚很有光澤」等，總是有人會問我到底做了什麼，而過去這兩年我加強的就是**「三溫暖」**。

這兩年，無論有多忙，都會堅持每週去一次三溫暖。

我不會具體決定在星期幾，有時候早上第一件事就是去三溫暖，或是等到孩子們上床睡覺後的半夜再去。盡量安排在生活中的空檔裡。

我為什麼不遠千里也要撥空去三溫暖？當然是因為利大於弊，不光是皮膚會變好，最重要的是還可以完全消除疲勞！

現在泡三溫暖最普遍的流程，是「蒸氣房↓冷水浴↓外氣浴（休息區）」。自從迷上三溫暖以後，我曾去拜訪帶起三溫暖熱潮的「整療大師」和一位研究三溫暖效果的大學教授。據說，三溫暖能讓身體進入有波動的狀態，使細胞活躍起來。

此外，在外氣浴中處於無壓力的狀態，還會釋放出返老還童荷爾蒙和催產素（幸福荷爾蒙）！

在外氣浴中待超過三分鐘的發呆放空時間，最為理想。因此，要先用乾毛巾擦去汗水，確保身體不會著涼後再休息。

三溫暖對肌膚的益處在於，蒸氣可以打開並清潔毛孔，而且汗水不僅會排出去，還有一部分會回到皮膚內部，發揮保濕的作用。三溫暖還能促進新陳代謝，所以不僅是女性，很多熱愛泡三溫暖的男性也擁有漂亮的肌膚。

若你在為毛孔堵塞煩惱，去泡三溫暖是個不錯的選擇。如果很煩惱自己的草莓鼻，與其往臉上塗抹保養品，每週去個兩次三溫暖還比較能改善問題。

三溫暖熱潮催生出各式各樣的三溫暖店家，離家近又交通方便的地方最理想。如果附近有可以搓澡、按摩的ＳＰＡ或韓式汗蒸幕的話，那就更好了。

023

泡過「酵素浴」的肌膚擁有截然不同的水潤感

你聽過**「酵素浴」**嗎？這是一種將木屑和米糠磨成粉末讓人浸泡的溫水浴，只要泡個五分鐘，就能讓人感到暖和，汗流浹背一個半小時。體溫升高的話，就會加快新陳代謝，溫暖身體對健康是有益處的。

雖然，我很喜歡保養或醫學美容這種可以從外部改善的美容方法，但只注重表面的話，「水潤感」也只呈現得出一半。

據說人體60％是由水組成的，為了避免體內水分停滯不流暢，我們要大量流汗、大量喝水。還要運動、活動肌肉，促進血液循環。像這樣讓體內充分「循環」，肌膚才會擁有真正的晶瑩透亮感。

如果體內護理和外在護理這兩件事都能做好，人人都能有所改變，這就是最好的「結果」。從這方面來說，「三溫暖」和「酵素浴」非常有效！我會想一輩子持續下去。

024

「牙齒」是女人的命

牙齒是否整潔，將會大幅左右你的人生。整齊、整潔的嘴巴會給每個人都留下好印象。尤其是在演藝圈，這已經是一種常識。我也有**矯正牙齒**，齒列不正的地方有一部分是植牙。

說到這個，大家不覺得黛薇夫人[2]的牙齒很漂亮嗎？儘管她已經到了抱孫的年紀了，卻出奇的健康。

某次有幸與她同台參加電視節目，我才明白為什麼。據說黛薇夫人「一天刷五次牙」。早上起床一次，三餐飯後各一次、睡前一次，總共五次。

這不光只是美觀而已，無論到了幾歲，擁有強健的牙齒和牙齦、能用自己的牙齒咀嚼，可以讓人看起來非常健康。

亞洲人雖然牙齒乾淨整齊，但牙周病卻很多，這是因為沒有好好刷牙。所以接下來要介紹，能讓嘴巴看起來更美的正確刷牙方法，這是去年拍電視劇時，認識的日本第一**齒學博士**——

2 前印尼總統夫人，日本近代最具爭議女性之一。

村津大地醫師教我的。

根據醫師的說法，刷牙時不要用牙膏。因為牙膏起泡後，人們就不會耐著性子花時間刷牙，即使有汙垢殘留，也會因為牙膏帶來的清爽感而就此滿足。

刷牙的第一步，應該是使用牙線或齒間刷，不沾牙膏，最好刷到十分鐘，最少也要刷五分鐘。這時候如果再用單排牙刷①，就能很容易刷到窩溝、牙齒和牙齦之間的小區域。最後再沾牙膏刷牙，殘留的汙垢就能乾淨俐落地刷掉，讓口腔變得前所未有的清爽！

我會使用**SMOCA**②或包裝設計可愛的牙膏，提高自己刷牙的動力。除此之外，還會做特別的口腔護理，用**口腔沖洗機**③的水壓沖洗掉牙齒上的汙垢，或用專用的舌苔刷刷洗舌頭。

口腔護理保護的是你的未來。能夠照顧好牙齒的人，也是個懂得愛惜自己的人。

①【單排牙刷】 Dr. Muratsu 的單排牙刷／￥385

②【牙齒清潔】 SCOMA 藥用亮白潔牙粉 MASHIRO 草本薄荷 30g ／￥1,800

③【口腔沖洗機】 Panasonic 超聲波水洗沖牙機（白）EW-DJ42-W ／￥14,850

025

嘴角上揚1.5公分
是能帶來好運的「唇部護理」

我相信，擁有一張能讓人自在交談的面孔，會比其他東西更能為你帶來好運。

一旦人們覺得你很可怕，自然就不會向你搭話，良好的緣分和工作也會跟著跑掉。

成年人本來就有一定威嚴，表情嚴肅時就更嚇人了。所以平時保持嘴角微微上揚的表情，是最恰到好處的。

嘴角是靠「表情肌」和「舌頭位置」拉起來的。

在這裡和大家分享我每天會做的兩件事。

第一件是進行祕密武器的「表情肌按摩」。

刷完牙後，將湯匙狀的**「Stretch Oral® 表情肌按摩棒**①**」**放入口中，貼著顴骨內側，用另一隻手按住臉頰，防止肌肉移動，分別向左和向右畫十次圓，從口腔內放鬆表情肌。令人驚訝的是，嘴角變得更容易上揚，表情也更加年輕並具有活力。

①【表情肌按摩工具】 Stretch Oral® 表情肌按摩棒／￥3,278

剛開始可能會痛，但漸漸地，會在嘴裡形成一個縫隙，甚至可以感覺到嘴裡似乎有風。

另一個需要注意的是，舌頭的位置。

舌頭正常來說是貼附在上顎，但是當肌肉的力量減弱，舌頭可能會向下移動或向前突出。當舌頭往下垂的時候，嘴角也會跟著垮下來，不知不覺變成一個面帶倦容的女人。

所以，不說話的時候，舌頭要貼附在上顎的正中間！如果養成了這個習慣，臉部表情就會變得更柔和。

當你嘴角上揚時，帶給別人的印象就不只是「可愛」或「漂亮」了。看起來會很優雅又親切溫和。

閉上嘴巴時嘴角還會微微揚起的人，無論在什麼場合都會受到人們的喜愛。比起垮著嘴角、面無表情的聽人說話，揚著嘴角傾聽別人說話，會更令人迷戀。

026

愛美人士必去！「韓國釜山」的美容之旅

美容大國韓國，是美容愛好者的夢幻國度！

當我去韓國工作時，總是很期待可以走訪「美容熱點」，並獲得一些新資訊。

參加釜山國際電影節時，就是由擔任**醫學美容專員的「BUSAN JMJ」**①的**MIJEONG**為我導覽介紹。

韓國是一個舉國上下致力於美容的國家，還有提供專門為遊客量身訂做的美容服務。

MIJEONG是一位很出色的美容行家，還說著一口流利的日文。她帶我去了據說是韓國最好的診所——**「金陽濟張峰碩皮膚科」**。我選擇了一個沒有恢復期、可以消除色斑、讓肌膚豐潤飽滿的療程，體驗到了前所未有的變化！我的臉不光是「具有光澤」而是「散發光芒」！

當時，令我感到訝異的是他們客群的廣度，普通的爺爺也會

① 【韓國醫學美容專員】　「BUSAN JMJ」http://busanjmj.com
〒 46726 釜山廣域市江西區鳴旨國際 6-99 Daebang The M City A-2048
LINE/@busan-jmj Mail/busanjmj32@gmail.com
公司代表 Instagram@busanjmj_m　公司官方 Instagram@busanjmj_official

來診所接受雷射除斑。在韓國，醫美並不是年輕女性的專利，多數的男女老少都可以接受療程。

這就是為什麼醫師的經驗水準也在不斷提高，也許就是因為這樣的高需求，推動著醫學美容的發展。

韓國人對美的追求不分年齡，這一點在汗蒸幕也感受得到。

去汗蒸幕的時候，發現年長的長輩也會敷著面膜，沒有人會使用汗蒸幕提供的化妝品。每個人都自備最新、最適合自己的洗髮乳和化妝品。日本女生不怎麼會去三溫暖，但韓國的女演員為了追求美麗肌膚，除了醫美診所之外，也很常去汗蒸幕。

韓國的食物中，也有很多發酵食品或含有辣椒素的料理，飲食文化中充滿了對美容有益的東西。

上次去韓國時，我去健身房做**「皮拉提斯」**，在那邊聽到：「韓國98％的女演員，每週做六次皮拉提斯」。「每週六次！」那樣的美，果然是加倍努力之下的產物呢！

Chapter 2

史上最棒的妝容

001

演出電影或電視劇都是「自己化妝」

從事演員工作時，我基本上都是自己化妝，聽到這件事的人都感到很意外。

剛出道時，經紀公司的方針就是「除了拍攝平面寫真外，其他工作都要自己化妝。」但也多虧了這樣，我試著向專業化妝師學習，自己嘗試各種方法，不知不覺間，化妝技巧也達到了專業水準。

雖然最近委託專業化妝師的次數變多了，但自己化妝仍然是生活中不可或缺的一部分。在自我塑造方面，沒有什麼是比化妝更有吸引力的。

當我接到一份演員的工作時，我會挑選符合角色形象的眼影或腮紅的顏色，並加進**ADDICTION的「魅癮眼采盒 II」**[1]裡，我的角色塑造就是從這裡開始。

打開劇本，想像「這個角色的妝容會是什麼樣子呢？」這個過程非常有趣，如果大家想「改變自己」、「化身為不一樣的自己」時，可以嘗試看看。化妝是改變自己的最強武器，遇見全新的自己是一件很令人雀躍的事。

另一方面，我私下的妝容相當簡約。基本款是搭配休閒穿搭的隨興不造作妝容。年輕的時候覺得「化妝實在是太麻煩了！」除了工作以外的時間都是素顏，但隨著化妝經驗增加以後，發現根據不同場合化出合適的妝容是很有意思的。

化妝和保養相輔相成，如果裸肌不乾淨，無論怎麼化妝，「內部的沉積」都會顯露出來。因此，想要透過化妝變得更美的話，首先要在日常生活中打造出肌膚的透明感，而且一定要更新你的妝容！

經過多年自己化妝的經驗，得出的「結論」是：讓肌膚和妝容「煥發光采」，才能塑造出水潤脫俗的臉龐。

①【空盒】　ADDICTION 魅癮眼采盒 Ⅱ／￥1,650／台灣售價 NT.450

002

一旦掌握訣竅，就不害怕「化妝品專櫃」

我沒有專屬的髮妝師，所以獲得化妝品最新資訊的管道就只有**「化妝品專櫃」**。去美妝區逛逛非常有助益，只要走一圈就能知道現在的流行趨勢，比方說，現在流行光澤肌還是柔霧肌，眼影、腮紅、唇彩等，光是看著也覺得很有趣。

與基礎保養品不同，許多化妝品只需要花二千至三千日元就可以買到，不需要什麼高難度技巧，自然就能打造出「年度妝容」，因此每季投資一些新產品，絕對不是「浪費」的行為。

雖然現在網路上的資訊很豐富，但化妝品的顏色和質地每季都會有不同變化，還是要親眼目睹才能感受到！

即使是相同的米色，也可以有煙燻感或柔霧感，新產品總是會點燃少女心。

有人會說「去百貨公司靠櫃的難度太高了」，但化妝品專櫃簡直就是女孩的天堂，充滿了如何打造當季妝容的資訊！希望大家不要害怕，試著去一次看看。

我個人覺得色調可愛而經常確認最新資訊的品牌，有CHANEL、Dior、THREE、NARS、ADDICTION等。就算只是看著，少女心也能獲得滿足。無論只是看還是購買可愛的化妝品，都能大大滿足自己的少女情懷。

長大成人後，女生心靈層面的滋潤或心動，不會從天而降，必須主動去爭取。

「好可愛！」、「好想擦看看！」逛化妝品專區產生的雀躍念頭，會直接提升並影響到自己的興致。

靠櫃試用後，覺得不適合自己的話，不買也是沒關係的！

在化妝品專櫃，你可以更新最新的流行趨勢，徹底打開美容開關。無論是「藥妝店」還是「百元店」都可以，先邁出第一步，就是通往「當季妝容」的捷徑。

003

用粉底打造「主角級」的自己

我化妝的速度很快，私下化妝五分鐘就能搞定，拍攝前的化妝也大約能在十五分鐘左右完成。工作妝花費的時間是平常的三倍，但讓整體看起來容光煥發的關鍵是「肌膚保養」。

接下來，要介紹的是重視「水潤感」、「遮瑕力」、「光澤度」、「柔滑度」的「MEGUMI流派，公開露面時的認真模式底妝」。

◆化妝前的保養

在拍攝之前，先從改善肌膚狀況開始。首先，在化妝間用蒸氣機蒸臉，再用美容儀進行按摩。這裡我使用的是前面介紹過的「CELLCURE 4T PLUS」①，把所有模式跑過一輪，是我在拍攝前的固定流程。

這種妝前護理，對於發揮出肌膚的最大潛力至關重要。專業的妝髮造型師也會在化妝前撥出時間進行按摩，可以消除水腫，促進血液循環，讓基底達到最佳狀態才能創造出完美的肌膚。

美容儀除了CELLCURE之外，我也會使用**ARTISTIC&CO.**[②]**的「Miss Arrivo The Wraith 宙斯魅影美容儀」**。

飾底乳

雖然飾底乳不是日常化妝的必備步驟，但塗抹過後的肌膚光澤感還是不一樣。我使用的是以前一位美妝愛好者的化妝師，告訴我的**ERBORIAN艾博妍的「CC RED CORRECT 泛紅校色霜**[③]**」**。它是一款具有遮瑕效果的綠色飾底乳，讓肌膚看起來更加光耀動人。以手指沾取後放在肌膚上，用粉撲均勻地塗抹在整個臉部，然後用一隻手擦在眼皮上。先用飾底乳打好基底，之後才能更乾淨俐落地畫出美美的眼影或眼線。

粉底

肌膚給人的水潤感完全取決於「光澤」，所以比起柔霧感，我的妝容會更重視光

①【美容儀】 BELEGA CELLCURE 4T PLUS ／￥180,400
②【美容儀】 ARTISTIC&CO. Miss Arrivo The Wraith 宙斯魅影美容儀／￥154,000
③【飾底乳】 ERBORIAN 艾博妍 CC RED CORRECT 泛紅校色霜 15 ㎖／￥4,888

澤感。就算當下流行的是柔霧感妝容，我仍覺得讓肌膚保持光澤感看起來會更美。

NARS的「裸光肌萃粉底精華」④就是兼具遮瑕力和光澤感的傑作。韓劇中的女演員，有時肌膚美得令人難以置信，這款粉底液，正好能打造出那種如夢似幻的光采煥發肌。

一名負責熱門電視劇的化妝師教我，將這款粉底液的兩種顏色混合使用的技巧。混合「02180」（略暗的桃紅色底色）和「02174」（中性偏明亮的顏色），兩種都是能與亞洲人膚色完美融合的無敵色號。

只要稍微調整一下比例，都能混合出適合所有人的顏色。

塗抹時，為了要突顯立體感，第一抹應該擦在臉部中央，臉部外側則是薄薄地擦一層就足夠。

對於日常妝容來說可能有點過頭，但這是一款推薦用於華麗場合的粉底液。

④【粉底】　NARS 裸光肌萃粉底精華 02180、02174 各 30 ㎖／各￥6,930 ／台灣售價 NT.1,900

004

MEGUMI流派

「5分鐘完妝術」

即使是私下與人見面或出去吃飯，化妝前的保養雖然不如拍攝前那麼繁瑣，我還是會做得很完整。

我私底下化的妝比較成熟，著重在突顯五官。如果已經抓住化妝重點的話，就不會花費太多時間。

首先，是洗臉，敷面膜，塗抹美容液，最後擦上一層乳霜。精華油容易暈妝，所以就不擦了。

接著，我一定會做的事就是前面介紹過的頭皮按摩。

使用**uka的「舒活頭皮按摩刷」**①，促進頭皮和臉部的血液循環，讓雙眼清晰明亮，臉部也有拉提效果，整個人變得清爽、有精神。

頭皮按摩只需要花短短三十秒就可以完成，讓頭腦瞬間清醒，幹勁十足，做好出發的準備。

①【頭皮按摩刷】 uka 舒活頭皮按摩刷 中硬款／￥2,420 ／台灣售價 NT.680

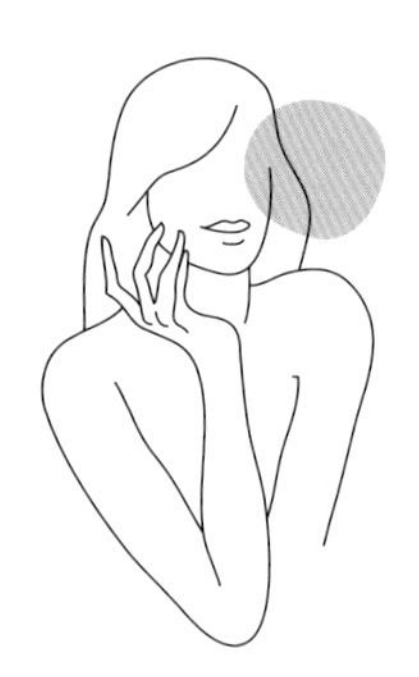

MEGUMI流派「5分鐘完妝術」

各項單品都在「化妝包裡有什麼」（→ P.96）中介紹！

這是我私下的「5 分鐘完妝術」。
讓你在短時間內，變成充滿魅力的女人。

step 1 氣墊粉餅
從臉部中心向外，快速塗抹一層輕薄而散發光澤的氣墊粉餅。

▼

step2 遮瑕
用遮瑕膏稍微遮蓋有狀況的部位。

▼

step3 腮紅 & 眼影
使用多功能彩妝膏，讓腮紅和眼影顏色相同。建議在上粉底之前，先擦腮紅霜。

▼

step4 眼線
從眼睛中心，到稍微超出眼尾的外側。如果不是從眼頭畫到眼尾，只畫一半的話，大約三十秒就能完成，不會出什麼錯。

▼

step5 睫毛膏
如過時間不夠，只用睫毛美容液也可以。

▼

step6 用燙睫毛器燙下睫毛
時間充裕的時候，可以用燙睫毛器把下睫毛往下翻，這樣雙眼就會看起來優雅又明亮。因為我的上睫毛已經燙過了，所以只要夾下睫毛就可以。

▼

step7 唇膏
成熟妝容中，不可或缺的一部分就是具有強烈存在感的嘴唇。我通常不會使用唇刷。

▼

step8 眉毛
畫眉毛的重點是從眉尾開始畫。整體的感覺會比從眉頭開始畫，更加自然。用螺旋眉刷整理好毛流後，再用透明的塑眉膏刷出毛束感。

▼

step9 蜜粉
最後，再上蜜粉讓整體妝容自然融合。也可以在眉毛上沾點蜜粉，修飾眉彩。

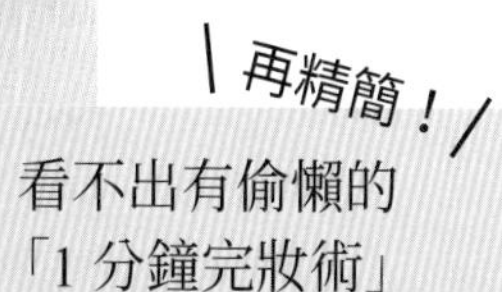

看不出有偷懶的「1 分鐘完妝術」

碰到「今天沒有時間了！」的情況時，就用「1 分鐘完妝術」搞定，趕往公司吧！

要上的彩妝只有氣墊粉餅、眼線、眉毛和唇膏。

運用眼尾的眼線，讓眼睛看起來黑白分明，強調出「眼睛就在這裡」；再用色彩鮮明的唇膏襯托出紅潤的唇色。即便其他部分的彩妝被省略，也能呈現隨興不造作的時尚臉孔。

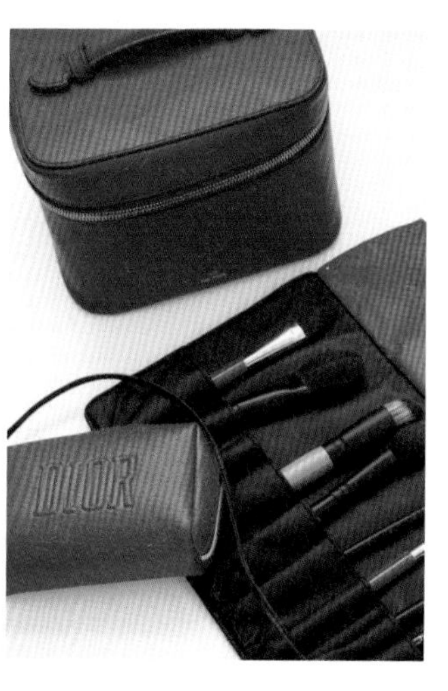

005

我的最佳化妝品「氣墊粉餅」

由於我著重的關鍵字，始終是「水潤感」，所以私下使用的粉底，首選是既能滋潤肌膚又能賦予美麗光澤的氣墊粉餅。我喜歡氣墊粉餅兼具飾底乳和美容液的功能，還有抗UV效果。一個單品通通搞定的優秀水準，讓人愛不釋手。

嘗試過各種的氣墊粉餅，說我是氣墊粉餅狂熱者也不為過。其中最喜歡的，是**BIOR的「天然有機水嫩潤膚粉底液SF」**①。

它是百分百由植物萃取製成的，具有良好的遮瑕力，在呵護肌膚的同時，呈現出令人驚豔的優雅光澤感。我還喜歡它延展性好，可用來營造輕盈的妝感。

氣墊粉餅和粉底液一樣，一開始先從臉部中心開始塗抹，然後慢慢往外推開，越擦越薄，就能展現出自然的立體感。

碰到膚況不好的時候，人們往往會想再疊擦粉底，但塗得越多，妝感越厚重，會給人一種老氣的感覺，所以一定要忍住。

①【氣墊粉餅】　BIOR 天然有機水嫩潤膚粉底液 SF SLSPF50+PA++++ ／￥5,940

006

讓藏在粉底「下」的腮紅散發水潤感

有一種擦腮紅的方式，可以讓你擁有少女般的薔薇色清純美肌。這個小技巧，就是在擦粉底「前」先塗抹腮紅霜。

大家可能會很驚訝：「有人在上粉底之前擦腮紅的嗎？」如果是霜狀質地的話，就完全沒問題。先塗上顏色稍微濃一點的**腮紅霜**①，再疊擦上氣墊粉餅，整個臉頰就會充滿層次感，呈現出自然的紅潤血色。

這種塗抹方式即使手法有些粗糙，整體效果也會很好，所以不用太過緊張。化起來很簡單，但妝容給人的感覺很專業。

腮紅霜能夠呈現出帶有水潤感的光澤，笑起來的時候，臉頰上方就會冒出充滿幸福感的「水玉光」。這就是為什麼把腮紅留到最後步驟才抹上，是很可惜的一件事！

營造出散發「水潤」的血色感，一張令人忍不住回頭多看幾眼的「幸福臉」就完成了。

①【腮紅霜】　product 自然輝光腮紅霜 133／¥2,310
RMK 眼頰多采棒 03 Berry Chic 6.7g／¥3,300／台灣售價 NT.1,100

007

別讓眼影使你的臉看起來很「過時」

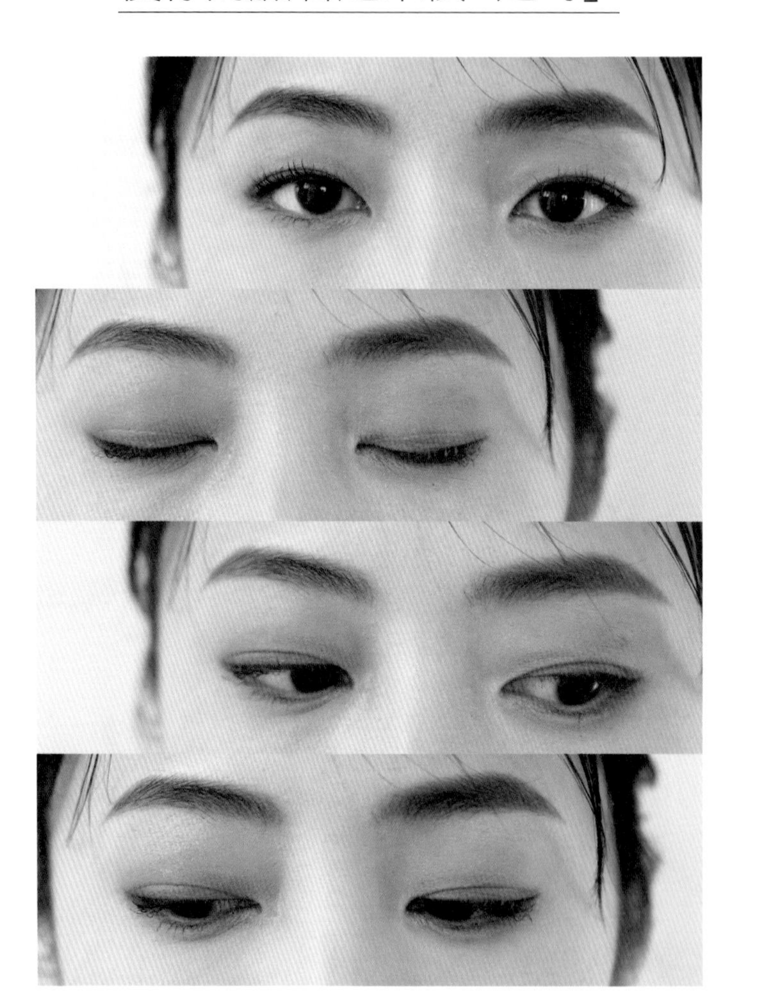

我的原則，是每一季都會購入新眼影。

即使沒有什麼技術，只要擦上當季的眼影，就能立刻擁有時下流行的妝容。這是最有效，且經濟實惠地獲得「時髦臉孔」的方法。只要有更新眼影，就不用擔心妝容會過時。

一年至少會買四次。

各個品牌都會在新的季度推出新產品，所以我會去逛一圈化妝品專櫃。尤其是夏季和冬季，會推出很多限量版商品，挑選精心設計的組合是最幸福的時光！

我個人經常使用「日本品牌」的眼影。

海外品牌的產品當然也很可愛，但想找到適合大人的絕妙「深沉色」，還是日本品牌更容易。**SUQQU、Celvoke、SNIDEL BEAUTY、ADDICTION** 等品牌的產品，粉末細密、質感優良，每次都會推出適合日本人的時尚顏色。

擦眼影時，可以先用手指在眼窩塗上淡淡的珍珠米色等底色，提亮膚色。然後再使用眼影刷，從「眼尾」往一個方向塗抹紫色或粉紅色的眼影。眼尾稍微向外的位置開始塗抹，可以突顯眼睛的寬度，帶給大家眼睛又大又有神的印象。這樣一來，即使眼妝本身很淡，但眼睛的輪廓會很清楚。低垂著雙眼時，顏色意外地清晰可見，眼眸低垂的模樣也會讓看的人十分心動。

有時候，我會在下眼瞼的黏膜外圍塗上淡淡的眼影。這是我之前從Celvoke總監那學到的訣竅，是一種讓人頓時容光煥發、時尚超凡的驚人技巧。偶爾嘗試這種妝容，也能適時轉換心情。

008

結論！「不接睫毛」反而看起來更年輕

我從二十多歲開始一直有在「接睫毛」，而不再繼續接睫毛是三十九歲的事了。

隨著臉部和身體的變化，一點一點地去除外在要素，越接近自己最真實的模樣，反而看起來更年輕。

取而代之的是，我開始「燙睫毛」了。

燙睫毛的效果真的很好，即使不化妝也能突顯眼睛的神采，減少素顏的感覺。在電視劇中飾演幾乎不化妝的角色時，同樣能自然展現出自己的眼睛！

我每個月會去兩次美容沙龍[1]，可以同時進行眉毛、臉部和脖子的護理，所以並不麻煩。於是我現在專心照料自己天生的睫毛，睡前塗抹**睫毛美容液**[2]，讓它們穩定生長。

睫毛是彰顯性感的部位。如果眼眸低垂時，睫毛長長的看起來會很性感，別人的目光會出自本能地追著跑。

①【美容沙龍】　「BONITO 澀谷總店」
〒150-0043 東京都澀谷區道玄坂 1-19-12 並木大樓 4F　TEL 03-6416-5326
②【睫毛美容液】　WMOA 睫毛增長液／￥5,500

009

唯有「眉毛」需要專業指導

眉妝的難度完全是不同層次。

我認為能打造出屬於自己、完美眉毛的人，真的是屈指可數！

眉毛是一個在護理時需要客觀建議的部位，仰賴專業人士的效果絕對是最好的。

所以，十多年來，都是請BONITO幫我修整眉毛。

第一次在沙龍裡修整眉毛的時候，其實是很不自在的，一直想著「眉毛之間可以留這麼多的空隙嗎？」、「眉形這麼直真的好嗎？」但周圍的人給予的回饋都很正面：「你的五官看起來更柔和了。」、「現在看起來更漂亮了！」

專業人士能夠將自己不管怎麼做都展現不了的魅力突顯出來，真的是太厲害了！

正是因為他們閱人無數，才知道什麼樣的眉形最適合這個人。

有了基本形狀以後，只要沿著形狀畫上眉彩就可以了。

一想到這是專業人士為自己打造的最佳眉形，原本的擔憂和疑慮都會一掃而空，自信也隨之而來。

010

眉尾太長
看起來會像「強勢的」女人!?

想要畫出與成熟透亮的肌膚相得益彰的輕盈眉毛，祕訣就是「從眉尾」開始畫。

化妝的時候，眉刷最先刷過的地方會留下最濃的眉粉，如果從毛量多的「眉頭」開始下手，就會看起來太濃而一點都不清新脫俗。如果從眉尾開始畫的話，畫到眉頭時，眉刷上的眉粉已經變得稀少，整體色調會相當自然。

眉毛太長會給人很強勢的感覺，眉毛太短又會顯得眼睛很小，眉尾最好落在「鼻翼和眼角的延伸線上」。

用螺旋眉刷將眉毛梳順以後，建議在最後塗上一層**透明眉毛膏**①。透明眉毛膏可以刷出毛束感，增加光澤和立體效果，讓眼睛更有神。

把眉毛染成淺棕色會使眼睛看起來很小，所以眉毛膏最好是透明或深棕色，並保持一定的毛色濃度，才適合成熟的臉孔。

①【眉毛膏（透明）】　Aimmx 眉毛凝膠 & 眉毛美容液 00 CLEAR GEL ／￥2,580

011

投資「彩妝刷」最物超所值！

化妝的關鍵，在於「彩妝刷」。

使用彩妝刷上色，能帶來不同層次的美感，即使毫無技術也可以達到接近「專業級」的妝容。

越不擅長化妝的人，依賴工具就越有價值！

化妝品附帶的彩妝棒，其實用起來很困難，使用時，往往會給人留下「黏糊糊」的印象。但突然就要備齊所有刷具，也不是件容易的事。所以，先有一支眉毛用的刷具和一支眼影用的刷具就夠了。

我最喜歡的一款刷具就是**ADDICTION的眉型刷**①。眉刷的前端有斜角，讓眉毛畫起來非常容易！即使是不擅長化眉毛的人，也能自然地暈染眉彩，畫出漂亮的眉毛。

除了眉刷之外，讓妝容看起來明顯是專業級的另一種技巧，就是運用「手背」。

①【眉刷】 ADDICTION 斜角眉型刷 01 ／￥3,850 ／台灣售價 NT.1,150

仔細觀察專業化妝師，你會發現不會有人突然就用刷具或粉撲放到皮膚上塗抹。首先，要把沾附在刷具上的粉末，或用粉撲吸收的液體輕輕地拍在「手背」上。這個步驟是為了去除多餘的粉末或液體，避免上色過重。

化妝時，我也都會把手背當作調色盤。

無論是刷具還是粉撲，最初接觸的地方顏色都是最深的，如果沾附上去，即使努力暈染開來也還是會出現濃淡差異，讓妝容看起來很粗糙。

塗抹之前，先在手背上調整一下用量，當你覺得合適了以後再塗抹到臉上。乍看之下，似乎是個很繁瑣的步驟，但成功的第一抹，將大幅提升妝容的完美程度。層次分明的妝容，就是一種優雅的展現。

專業化妝師使用的技巧都是有其意義，為了讓自己的化妝技術有所突破，一定要把「刷具」和「手背」這兩個小技巧偷學起來。

012

大人感的唇彩
以「不掉色的紅色」作為武器

說到大人感的妝容，「唇彩」是最強的武器。

無論化妝的時候怎麼偷懶，只要用心塗抹唇彩，立刻就能得到一張成熟臉孔。隨著年齡的增長，嘴唇上的色素會變淡，輪廓也會變得模糊。相對的，如果可以彌補這幾個點的話，就會瞬間變成光彩照人的臉蛋。

順帶一提，我擦唇膏一半是為了自己，一半是為了我的伴侶。

讓自己看起來充滿活力和開朗，是對身旁的人的一種體貼。正如我多次強調的，魅力四射的臉孔會帶來好運和機會。

最近，不掉色的唇釉是很可靠的好夥伴，**DIOR的「超完美持久唇露」**①和**MAYBELLINE的「超持久霧感液態唇膏」**②既不會掉色，也不會讓嘴唇變得粗糙，非常優秀。

此外，選擇顏色時最應該重視的是「顯色」！

即使擦的是裸色，如果顯色效果不錯的話，就會給人一種塗抹得恰到好處的感覺。因此比起色調，顯色的好壞更為關鍵。

另外，我會建議熟齡女性把「紅色」也納入選項。適合紅色是「大人的特權」。例如，只在眼睛周圍畫上眼線，再搭配適合的紅色唇彩，就會營造出時尚優雅的氛圍，讓女人味大幅上升。

雖然只籠統地說了是紅色，但從暗紅色到亮紅色種類繁多，不妨多方嘗試，找出最適合自己的顏色。

人們普遍認為紅色過於鮮艷，但其實不諂媚的紅色，會給人一種獨立的印象。希望大家都能體驗到，找到適合自己的紅色時的雀躍感！

這支唇彩，就會成為像「護身符」一樣的存在。

在必須努力的場合中，它會在背後推你一把。在戀愛或工作上，讓你產生動力。以我自己來說，出席「電影節」或「製作發表會」等重大場合時，經常會擦紅色系的唇彩，紅色唇彩是成年女性最強的好夥伴，不只能振奮人心，還能為現場增添一抹亮點。

①【唇彩】 DIOR 超完美持久唇露 558、626、959 ／各￥5,170 ／台灣售價 NT.1,550
②【唇彩】 MAYBELLINE 超持久霧感液態唇膏 210、205 ／各￥1,749 ／台灣售價 NT.360

MEGUMI的化妝包裡有什麼

我的化妝包裡只會放主力單品。
要介紹的話，每一樣都很優秀。
以下是我真的愛不釋手的化妝品。

氣墊粉餅

這是我最喜歡的氣墊粉餅。

A BIOR 天然有機水嫩潤膚粉底液 SF SLSPF50+PA++++／¥5,940

遮瑕

終於遇到了一款可以自然遮瑕、超級推薦的遮瑕膏。

B VINTORTE 礦物絲質遮瑕膏 SPF50+ PA++++ 3g／¥2,530

腮紅 & 眼影

腮紅和眼影顏色相同的話，就不會出錯，能擁有一張清新脫俗的臉。

C product 自然輝光腮紅霜 133／¥2,310

眼線

我都是用這支畫出將眼尾向上提的線條。

D UZU 渦 大和匠筆眼線液 黑棕／¥1,694

唇彩

我的首選是不掉色的紅。如果要選裸色，就挑顯色效果好的。DIOR 的這款唇露，不會沾附到口罩或杯子上，顯色效果也很好。

E DIOR 超完美持久唇露 558、626、959／各¥5,170／台灣售價 NT.1,550

睫毛膏

我喜歡這款睫毛膏，因為它能替我帶來最大的光澤和濃密感。

E MAYBELLINE 濃捲風防水睫毛膏 01／¥1,089／台灣售價 NT.390

眉刷

任何人只要是用這款眉刷，都不會失敗。可以畫出漂亮的眉毛。

G ADDICTION 斜角眉型刷 01／¥3,850／台灣售價 NT.1,150

眉粉

目前很喜歡用的眉粉，平價又好用。

H KATE 3D 造型眉彩餅 EX-5／¥1,210／台灣售價 NT.330

I Visée 調色眉彩盤 BR-5（停售）

我身上不帶多餘的東西，只帶主力單品出門。

透明眉毛膏

透明眉毛膏可以刷出毛束感，讓眉毛看起來更時尚！

J Aimmx 眉毛凝膠 & 眉毛美容液 00 CLEAR GEL ／¥2,580

蜜粉

淡淡的光輝感最適合用來增添亮度。真的是很優秀的產品。

K OSAJI 保濕細雪無色蜜粉 01 ／¥3,850

013

迎接特別的日子 打造宛如天生的「陰影妝」

打亮和修容是一種特別的技巧，可以在特殊節日充分地展現出自己。在臉上添加陰影製造出立體感，可以突顯出天生的骨骼，看起來更加漂亮。

尤其修容的小臉效果非常出色！使用**ADDICTION的「癮色絲絨頰彩 006M 赤裸面紗」**①，針對下顎線或額頭上的髮際線，自然地往外側加深的話，可以大幅縮減臉部的界線。

我心中最佳的打亮產品，就是**NARS的「裸光蜜粉餅」**②和**BISOU的「Diamond Glow」**③。只要擦在臉頰高處與下巴末端，就能瞬間打造充滿光澤的臉頰和尖銳的下巴。

如果鼻梁上的粉感很明顯，看起來就會很突兀。所以聰明的做法，是用刷具上殘留的粉末輕輕拍打幾下，就可以了。

經過這個步驟，就能獲得女性獨有的透明感和臉部如雕塑般的凹凸及深度，讓人留下深刻印象的立體妝容。

①【修容】 ADDICTION 癮色絲絨頰彩 006M 赤裸面紗 2.8g ／￥3,300 ／台灣售價 NT.840
②【打亮】 NARS 裸光蜜粉餅／￥5,830 ／台灣售價 NT.1,500
③【打亮】 BISOU Diamond Glow（luna ／ mars）／各￥4,290

014

化妝的最後一步是「水」！

無論是持妝還是補妝，定妝噴霧都是最佳選擇。只要在完妝後往臉上一噴，你會驚訝地發現，這麼小的一個動作，就能讓妝容不脫妝、不暈妝。噴霧還可以滋潤肌膚，即使在拍攝過程暴露在燈光下，也不會乾燥，讓肌膚一整天都保持水嫩。

多年來，我有許多喜歡的定妝噴霧，但目前愛用的產品是**OSAJI的「細緻保濕定妝噴霧」**①。它具有自然的香味和出色的定妝效果。

白天補妝時，定妝噴霧也非常有用！首先，用噴霧稍微滋潤肌膚，然後用**BIOR 氣墊粉餅**②（p．96）僅修補脫妝的部位。即使拍攝時使用的是其他粉底液，也可以用氣墊粉底補妝。

補妝容易造成肌膚失去光澤或變得乾燥，所以透明肌派的補妝理論是不用粉狀產品，使用噴霧持續補充水分。

①【定妝噴霧】　OSAJI 細緻保濕定妝噴霧（晚涼／泉水）各 50 mℓ／各￥2,420
②【氣墊粉餅】　BIOR 天然有機水嫩潤膚粉底液 SF SL SPF50+PA++++ ／￥5,940

015

「工具」不整潔的女人是不性感的

化妝刷和粉撲，我每個月都會手洗一次。

而保養的好夥伴，是彩妝藝術師yUKI設計的**BISOU**的**「冷加工香皂」**①。它是一種可以直接使用在皮膚上的香皂，不會傷害到刷具，還能將彩妝去除乾淨。

清潔時，汙垢可以乾淨俐落地洗掉，讓刷具的狀態變得更好，也不用擔心顏色混在一起，心情會很清爽痛快。

因為臉上有汗水和皮脂，所以拿這些沾染過髒汙的刷子再貼到自己的臉上，對肌膚是一種不良的刺激。哪怕很麻煩也要經常清洗和更換，這才是對肌膚的重要「投資」。

擅長化妝的人，化妝工具也會是整潔乾淨的。

對待化妝工具很細心的人，化妝的手法也會很細緻。精心的妝容，會讓整個人散發出一種無法用言語形容的優雅和性感。

相反的，如果化妝工具保養得很隨便，看起來就一點也不性感，所以化妝工具要盡可能保持清潔。

化妝包裡只裝著精心挑選又整潔的工具，化妝的動作自然就會顯得優雅。

①【香皂】　BISOU 冷加工香皂／￥2,750

Chapter 3

令人難忘的女神體態

001

女人的細膩肌膚用「磨砂膏」塑造而成

關於最佳保養方式，我得出的結論是，從身體的脖子到腳尖都使用「磨砂膏」，再用精華油和乳霜滋潤全身。

一直以來，我都是屬於乾燥肌，但身體比臉部更乾燥。一到冬天，身體就會因為脫皮而粉粉的。光擦身體乳已不足以滋潤皮膚，導致白天會因為乾燥而發癢。

可以解決這個問題的，就是「磨砂膏」。

有一天，我心想：「用保養臉部的方式來保養身體不就好了嗎？」所以嘗試用磨砂膏去除老舊角質後再進行保濕，發現這是最適合自己肌膚的做法！因為去除角質後，提升了保濕效果，讓皮膚一整天都能保持水潤，終於可以從會脫皮的粉粉身體中畢業了。

現在洗澡的話，每洗三次澡就會使用一次**Aēsop的「肌膚救贖身體去角質露」**①或**dō的「BODY SCRUB & BATH PASTE**

身體磨砂膏」②，從脖子到腳趾均勻地磨亮。

按摩的重點，是想要提亮的脖子和胸口，皮膚容易變硬的手肘、膝蓋和腳跟，以及想讓皮膚更光滑的臀部、上臂和腿。

皮膚變硬的腳跟，只做一次去角質是不會有太大變化的，但隨著次數增加，就會逐漸變得柔軟。Aēsop的磨砂膏與一般磨砂膏的不同之處在於，它的觸感舒適且容易起泡，香味也很自然且清爽。

使用完磨砂膏以後，再用精華油滋潤全身，就能打造出令人迷戀的水潤光滑肌。這種「磨砂膏打造的光滑肌膚」，在戀愛時維持非常好，即使不是在談戀愛，擁有細緻光滑的肌膚也能使心情變好。

經過多次嘗試後，我決定每三天使用磨砂膏一次，就算是每週一次也足以感受到效果。

①【磨砂膏】 Aēsop® 肌膚救贖身體去角質露 180 mℓ／¥4,015／台灣售價 NT.1,150

②【磨砂膏】 dō BODY SCRUB & BATH PASTE 身體磨砂膏 補 ho、瀉 sha 各 600g／各¥8,360

002

身體保濕
絕對要用「精華油」！

身體保濕方面，我是屬於「精華油優先」的人。

這也是乾燥肌的解決之道。

從我個人看來，身體乳很難滲透到非常乾燥的皮膚中，雖然質地是黏稠的，但表面仍然很乾燥，完全沒有保濕的感覺。

精華油容易吸收，油分也可以防止肌膚乾燥，在保濕方面令人放心！

此外，和乳霜相比，用天然成分製成的精華油較多，也是一大優點。

順帶分享一下，我洗完澡的保養流程大致如下：

首先，我會在濕潤的身體上塗抹**I'm La Floria的「全身平衡精華油」**[1]。

之所以不用毛巾擦掉水滴，是為了要讓水和精華油混合「乳化」。

當精華油乳化時，有助於鎖住肌膚中的水分，第二天的肌膚就會變得更加緊緻。

精華油應該先用來保護因內衣褲磨擦，而容易黑色素沉澱的部位，然後再擴散到整個身體。

①【身體精華油】 I'm La Floria 全身平衡精華油 30 ㎖／￥3,960

最後再塗上同樣是**I'm La Floria的「私密處玫瑰身體乳**②**」**，私密處和全身只需這一瓶即可保濕，就大功告成了。

精華油的部分，有時候會根據自己的心情，改用**kai的「Body Glow 身體精華油**③**」**。這是一款含有精華油成分的身體噴霧，不乾燥、不黏膩，提供適當的保濕效果。因為是噴霧狀，使用時會有「微涼」的感覺，所以建議在長時間泡澡後，身體變暖或在溫暖的季節裡使用。

②【身體乳】　I'm La Floria 私密處玫瑰身體乳 150g ／￥4,950
③【身體精華油】　Bkai Body Glow 身體精華油 118 ㎖／￥6,820

003

用「酒粕」重回嬰兒般的肌膚

為了打造豐滿光滑的身體，我有時會在泡澡步驟裡加進「酒粕」，立刻升級成特別護理。

在釀造日本酒的過程中可以取得的酒粕，據說發酵中產生的各種成分具有「美膚效果」。

泡澡等待肌膚變得柔軟後，用毛巾輕輕擦拭，再取一把酒粕塗抹於全身。接著，不需要像敷面膜一樣放置一段時間，直接沖洗掉就可以了。肌膚會變得白皙、透澈，如嬰兒般柔嫩細緻，自己也會很感動。

酒粕在酒行和超市都買得到，但偶爾去當地的釀酒廠購買，也是一種樂趣。酒粕是一種可以用來烹飪的安全成分，能便宜購入也是優點之一。

這個方法是從酵素浴老師那裡學來的，我只是將「塗抹酒粕再泡酵素浴」的點子，稍微改變成在家進行的做法。如果擔心酒精過敏，可以先在手臂內側試一下。

004

只要肯做就會有變化！

「胸部」按摩

就像私密處一樣，其實很多人不曉得如何正確地保養胸部。

大家可能會有些意外，但自從生完孩子、哺乳後，我的胸圍比以前變小了，這是我對自己的身體比較缺乏自信的部位。

我會開始保養胸部的契機，是在向人稱「美胸大師」的經絡**整體師朝井麗華**[1]學習按摩之後。

為了及早發現乳癌，養成觸摸自己的習慣也很重要。

自從學會以後，我現在每天都會按摩。

我學到的是左頁的四種按摩方式，會在泡澡時或洗完澡後，擦精華油時順手按摩。如果持續按摩的話，你會發現胸部的位置會產生變化，乳房整體變得「軟綿綿」的。

太過柔軟的話容易下垂，但美體沙龍的老師認為，身體有點「軟綿綿」的才是最好的狀態。

①【美胸沙龍】 Sphere by Kireika https://reikaasai.com/salon

美胸大師親自傳授的美胸按摩術

敞開胸襟

可以打開上圍的按摩術。將手指垂直放在胸部的中央（胸骨），用力按壓，使其左右敞開，一路做到劍突的位置。

拇指按壓

豎起大拇指，針對整個乳房隆起處（乳頭除外）進行按摩。一個位置按壓大約三秒鐘。如果會疼痛，代表乳房組織下方的肌肉是緊繃的狀態。除了胸部以外，鎖骨附近和腋窩附近也一樣。養成日常習慣按摩會更好。

對胸部畫圓按摩

這是一種放鬆胸大肌的按摩。一手托住乳房下方，另一隻手在乳房上畫圈按摩，紓緩胸大肌。往托住乳房的方向畫圓按摩，最後朝著腋下延伸出去。按摩時，先在胸部塗抹精華油或乳霜後再開始。

紓緩肋骨

讓胸部聚攏的按摩，用拳頭紓緩肋骨的肌肉。將拳頭置於胸部的外側，沿著肋骨之間的肌肉往身體中心移動。胸部收攏後，在視覺上身體的寬度會縮減，有看起來更苗條的效果。

MEGUMI喜歡的入浴劑

泡澡時間，是可以調節情緒的重要時刻。
想要放鬆，入浴劑是不可或缺的。
在自己喜歡的香味環繞下，可以調節自律神經，紓緩身心靈。

浴鹽

A NeRoLi herb Rose&Strawberry BATH SALT ／￥3,300
B NeRoLi herb Lavender&Blueberry BATH SALT ／￥3,300
C NeRoLi herb Chamomile&Orange BATH SALT ／￥3,300

D SHIGETA 綠意綻放 浴鹽／¥2,970
E SHIGETA 點亮燈火 浴鹽／¥2,970

F H & Refresh Citrus 350g ／￥2,200
G H & Reset Forest 350g ／￥2,200

沐浴錠

H CHANEL CHANCE EAU TENDRE 泡澡錠 10 個／￥8,250

F
CHANEL
C
BATH SALT
D
H&
SHIGETA
G
Lavender&Blueberry
BATH SALT
CHANEL
A
CHANEL
CHANEL
B
H
CHANEL
SHIGETA
E

005

「背」會曝露女人的年紀

在不知不覺中，背上的肉是不是越來越多了呢？

因為背在日常生活中是不常使用到的部位，所以很容易長肉。如果姿勢又不正確，就更容易長肉。本身駝背，再加上長肉的話，背影看起來就會很像「阿姨」。如果背影不小心被拍下來，恐怕會把自己嚇壞。

想預防「背上長肉」，就要動起來！按摩肩胛骨周圍或做伸展運動是最好的。如果要紓緩肩胛骨周圍，使用壘球或按摩球最適合。

我會把球放在肌肉較僵硬的位置，朝最緊繃的地方開始按壓紓緩，防止背部長肉。除此之外，還會做**「毛巾伸展操」**。

手握毛巾的兩端，將雙臂垂直抬起，直到手臂的位置移動到耳朵後方。接著，慢慢彎曲手臂，將毛巾置於頭後方，是不是有感受到肩胛骨在移動呢？

持續做伸展操，能有效預防背部變厚，但背上多多少少會長點肉，這時就只能靠運動來消滅了。

006

如何養成性感曲線的「臀部」

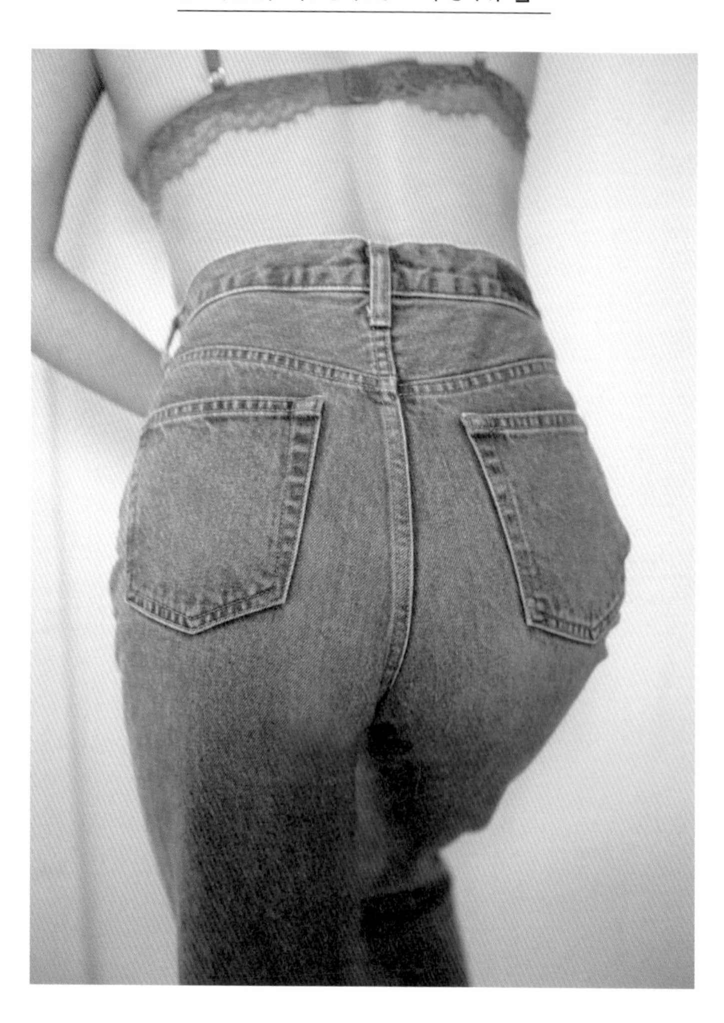

全身上下「上臂」和「臀部」，是最容易長癤和皮膚粗糙的部位。

我從小就是容易長癤[1]的體質，除了前面提到的磨砂膏之外，也會用去角質凝膠針對上臂和臀部進行集中護理。

如果很介意皮膚粗糙的狀況，可以在洗澡過後稍微擦拭身體，再用**Moalani的「臀部去角質凝膠」**①輕輕按摩。

去角質凝膠與磨砂膏不同，當你在按摩時，硬化的凝膠會剝落，只要淋浴的時候沖洗乾淨，肌膚就會變得非常光滑。

比磨砂膏更能有效去除臀部多餘的角質，讓肌膚表面更加平整！

因內衣褲摩擦造成的「黑色素沉澱」，也可以一併去除。

①【去角質凝膠】　Moalani 臀部去角質凝膠 120g ／￥1,650

1 癤是皮膚病的一種，主要是毛囊以及周圍的結締組織出現化膿感染的狀況。

007

運動過後
用「英特波」消除「橘皮」

臀部和大腿上的「橘皮組織」，一旦冒出來就會讓人陷入極度苦惱。

如果你是真心想要擺脫橘皮組織，首先，要運動促進血液循環，並在當天或第二天進行物理性消除。

我自己處理的話老是做不好，所以會去**美容沙龍**①用「**英特波**」（高頻溫熱機器）來消除。

如果自己操作，總是會因為疼痛而減緩力道，但請別人來做就不會手下留情。

可能的話，最好在運動後的當天進行療程，在血液循環良好的狀態下紓緩是最理想的。

「英特波」是一種可以活化身體深層組織的裝置，使用時會大量出汗，甚至到有點尷尬的程度。消除橘皮組織或水腫的療程百百種，但想要提高體溫時也建議這麼做。

①【英特波沙龍】　英特波主管 渡邊美穗（Instagram：indiba.miho）
〒106-0045 東京都港區麻布十番 2-3-7 GREEN COURT 402 號室
TEL 03-6453-6600

008

用「按摩滾筒」重新找回柔軟的身體

如果生活中長時間看手機或電腦，很快就會覺得身體很多部位變得僵硬。這種僵硬會產生「浮腫」，而浮腫會給人一種「肥胖的印象」。

這也是為什麼，我很重視紓緩放鬆身體。最好的紓緩方式，就是使用**「按摩滾筒」**①。血流停滯、肌肉容易緊繃的主要部位，是腋下、腿根、臀部和上臂。我經常在洗完澡後，一邊看電視，一邊用滾筒按摩這些部位。

越僵硬的部位按壓起來會越痛，但你可以在一瞬間感受到停滯血流暢通的感覺。當血液循環改善後，就能擺脫身體僵硬引起的頭痛、呼吸困難和腰痛。

持續一段時間後，我感受到了提臀效果，上臂也變瘦了！如果想在不增加肌肉的情況下，擁有柔軟的身體，第一步就是「紓緩」！只做一次也會有所改變。

①【按摩滾筒】　RAD AXLE 肌肉按摩滾筒／¥9,680／台灣售價 NT.2,190

009

消除全身水腫
就用「THERAGUN」

現在非常流行一種叫做**「按摩槍」**的強力震動按摩器。

我最喜歡用的就是**「THERAGUN Elite」**[①]。「THERAGUN」是由一位飽受交通事故後遺症折磨的人所開發，後來被推廣到體育界。使用它能改善血液流動並緩解腫脹。如果用在臀部側邊或腿根時，你會感受到肌肉放鬆，下半身的血液流動立刻變得順暢。

按摩滾筒的體積較大，可用來針對腋下或腿根等大面積部位；而THERAGUN，則可針對全身較小範圍的區域。

震動的力量非常大，簡直就是施工現場等級，可以讓整個身體放鬆下來，對於永遠忙到沒有時間的「媽媽級演員」來說，真的很棒！

若能在晚上放鬆全身並緩解緊繃的肌肉，睡眠品質也會跟著發生變化。第二天早上醒來時，會感到耳目一新且神清氣爽。

①【按摩槍】 THERAGUN Elite 智慧型衝擊式按摩槍 科技白／¥49,500／台灣售價 NT.11,900

010

40多歲的運動習慣決定你的命運

我現在每週固定運動三次。

每週去兩次**健身房**，做一次**皮拉提斯**。

除此之外，還會去**三溫暖**、**酵素浴**、**注射點滴**、**美容皮膚科**、**眉毛沙龍**等，總是有跑不完的行程！

我的工作日程以兩週為單位更新，會把需要預約的事情通通填進行程表，如果白天沒有空檔的話，就會在一大早去健身房。

之所以這樣維持運動習慣到現在，是因為只有運動才能消除疲勞。如果只想著：「太累了，什麼事都不要做，直接睡覺吧。」疲累感還是會囤積在身體裡。一忙起來，血液循環會變差，肌肉也會容易變得僵硬，此時，就要靠運動讓身體動起來，也能讓血流暢通無阻。這就是我的做法。

精神疲弱的時候，反而要活動身體。

可以早上一起床就去散步，稍微努力一點去就去游泳。當身體活動起來時，我會覺得精神壓力從100%減少到60%左右。身體是可以幫助心靈的。

超過四十歲後，運動對於增強體力至關重要。

對人體非常了解的針灸和皮拉提斯的老師們，一致認為「四十多歲是非常重要的時期」。

有些人五十多歲了，還是非常健康、充滿活力。這份活力，據說是取決於四十多歲時的生活方式。

女生到了四十多歲後，身體會產生巨大變化，體力也會開始下降。

要選擇漸漸淡出還是增加運動量，將會導致你未來的身體有所不同。當然，有人就是想放鬆、悠閒地度過人生，這也沒有什麼不對。

但我希望五十多歲的自己，是個會讓人驚訝「這個人精力充沛，真健康。」的人。所以決定在四十多歲時，加強運動量，改變飲食習慣，並專注面對美容和健康。相信自己的五十多歲是充滿光采的，所以我每天都很享受這樣的生活。

011

營造出美人氣場的「皮拉提斯」

我認為**皮拉提斯**對女性身體來說，是一種非常好的運動。

首先，皮拉提斯是一種強化內在肌肉、改善姿勢和身體線條的運動。很適合女生的原因是，它需要在夾緊陰道和肛門的同時，隨著深呼吸改變姿勢，因此，可以增強產後容易鬆弛的骨盆底肌肉，並軟化髖關節和肩胛骨。

如同前面提到的，據說「98%的韓國女演員，每週會做六次皮拉提斯」。眾所周知，許多女演員也都是皮拉提斯的愛好者。

皮拉提斯還有助於改善站姿，塑造柔韌優美的身體線條。

皮拉提斯與瑜伽相似，不過吃力的動作比瑜伽要來得多，適合想要追求「更多效果」的人。我以前也都是做瑜伽，但瑜伽比較著重在伸展，我想給自己多一些壓力，所以最後選擇接觸皮拉提斯。

皮拉提斯最大的優點，就是可以改變姿勢！去做皮拉提斯可以讓在日常生活中變形的身體，快速地恢復正常。當姿勢改善後，呼吸會更加順暢，站姿也會變得凜然。

我曾經在**工作室**[1]看過一名多年來持續做皮拉提斯的七十多歲女性，其體態優美到讓我很吃驚，整個人散發出的氣場充滿了從容和女性魅力，在一旁看著都覺得她「應該生活得很好！」

正確的姿勢和深呼吸的累積，可以打造出從容的美麗。

順帶一提，皮拉提斯大致可分為**「墊上皮拉提斯」**和**「器械皮拉提斯」**兩種類型，而「器械皮拉提斯」會使用大型設備，對身體進行施加更大壓力的鍛鍊。我兩種類型都有在做，會根據當天的身體狀態，選擇要做哪一種。

①【皮拉提斯工作室】　「I_PILATES 駒澤公園」
〒 154-0012 東京都世田谷區駒澤 5-22-7 THE GATE 1B　https://ipilates.jp

012

穿「EMS服」進行短期密集訓練！

雖然我說自己每週去健身房兩次，但實際上只訓練了二十分鐘，加上最後的按摩，總共三十分鐘左右。

經常去的「X BODY Lab」[①]中，有一種課程是穿著EMS脈衝衣進行訓練，讓你可以在短時間內有效地鍛鍊。

脈衝衣的外觀有點像《巨人之星》[2]的星飛雄馬所穿的「大聯盟育成裝置」，充滿體育風格的視覺效果。由於是在電脈衝刺激全身肌肉的同時進行運動，不僅可以緩解肩膀和頸部的僵硬，還可以一下子收緊介意的贅肉。

起初，感覺就像電流穿過了我的身體，但因為效果明顯，我認為很值得做。比如說，上臂變得更緊實，腹部的垂直線條變得更加清晰。或許以後就不需要長時間的高強度肌肉鍛鍊了。

在運動方面，我不會被周圍的資訊所左右，會找到最適合自己的訓練方式並持續下去。

①【健身房】　「X BODY Lab 麻布十番」
〒106-0045 東京都港區麻布十番 2-8-8 L 麻布矢島大樓 7F　TEL 03-6809-5184

2 日本知名的棒球漫畫作品。

013

直到「產後」身體重回曼妙身形

我生小孩的時候是在二十七歲。

當時對自己的身體還沒有那麼在意，所以產前和產後的護理都很鬆懈。為了不讓肚子上長出妊娠紋，我很努力保濕，但還是花了很長時間才解下骨盆帶……

不曉得是不是因為這樣，幾年後，我每年都會閃到腰四次。由於腰部不好，骨骼結構因此發生了可怕的變形，我的身形突然變成像個八十多歲的老奶奶！

這些是六、七年前的事，當時的我大約三十四、五歲。我的肚子的形狀左右不一樣，屁股慘不忍睹地下垂，腰圍也產生變形。心想：「這樣下去不妙！」終於，開啟了認真塑身的開關。

首先，尋求**脊骨神經科**治療身體的歪斜，但我並不是一開始就遇到好的治療師，也覺得沒有什麼太大的變化。

要找到一家技術精湛、價格合理的地方並不容易。輾轉多地後，遇到了一位值得信賴的治療師，從此每個月去看診兩次。同時，我也開始上**「皮拉提斯」**和**「大鞋」**[1]的課程。

「大鞋」是一種穿著圓形厚底鞋進行的溫和運動。前後搖擺的動作，可以增加肌肉的力量和柔軟度。

這項運動最初是由義大利頂尖舞者所發明，後來被芭蕾舞等體育界採用。比起高強度的肌肉訓練，皮拉提斯和大鞋的動作，更著重在緩慢伸展的同時增強肌肉力量，很適合因為分娩而大幅弱化的身體。

在經歷了這段遲來的產後護理之後，我現在已經轉移到運用EMS的訓練上。

①【大鞋】　「T51,5TRANSACTION Gym」
〒150-0021 澀谷區惠比壽西 2-21-4 代官山 PARKS B2
https://www.515transaction.com/　Mail/transaction.gym@gmail.com

014

40歲開始的「指甲」思想

美存在於細節裡，無論性別，漂亮的手總是會令人怦然心動。即使是不經意的動作都看起來優雅，甚至讓人覺得「性感」。如果想要有意識地展現出性感，手是一定要注重保養的部位。

就我而言，手部保養主要集中在睡前。躺在床上的時候，我會把不再使用的美容液和乳霜大量塗抹在手背上。經過一整晚的保濕滋潤，第二天早上手的顏色就會顯得晶瑩剔透，膚質也會變得柔嫩。因為手會經常出現在自己的視野裡，如果雙手看起來充滿光澤，心情也會跟著變好。

至於指甲，就取決於要扮演的角色。拍攝時代劇的時候，要用無妝素甲，我就會使用指緣油進行保養。

除此之外，我已經是十五年左右的**凝膠指甲愛好者**。去沙龍的時候，會做一些自己做不到的特殊護理，例如，**石蠟手浴**。我相信依靠專業護理改善手部膚質，是很值得的。

只是這些前提，都建立在預約的到療程上。所以無論是美甲沙龍和美髮沙龍，我都有好幾間選項。有很人多覺得「不應該隨便換店家」，但其實大家可以讓自己更有彈性一些。

平時指甲總是塗**單一顏色**，只有在極少數的情況下才會做法**式指甲彩繪**。四十歲過後已經擁有自己的韻味後，指甲乾淨簡約反而會顯得更時尚有型。

雖然我也會參考流行趨勢，但能讓雙手看起來更漂亮的絕對是「淺米色」。這種顏色能讓雙手看起來更明亮，煥發透亮光采。

順帶一提，根據手部的膚色不同，能讓雙手看起來修長又美麗的米色也不盡相同。建議大家仰賴美甲師的知識，直接告訴他們：「請幫我選一種能讓手看起來最美的淺米色。」如果你想打造優雅的指尖，不妨嘗試看看。

015

女人的保暖大作戰！「束腹褲」

寒冷是美容最大的敵人！我總是時時刻刻保持身體溫暖。

為了不讓肚子周圍著涼，我最愛用的就是「束腹褲」。我的出生地，倉敷的品牌「KURASHIKINU」的「束腹褲」①，是用絲綢和羊毛製成，非常保暖。即使是在穿得沒那麼多件的日子裡，只要穿上這個就會感到全身溫暖。束腹褲還有分成冬季款和夏季款，所以我不光是在冬天會穿束腹褲，一年四季肚子都有受到充分的保護。「KURASHIKINU」的「保暖襪」②也是心中的最愛。把絲綢和羊毛襪子交替穿四層，雙腳就會變得很暖和！

另外，我也在泡澡上耗費許多心思。據說，浸泡在熱水裡可以提升HSP（熱休克蛋白），有助於增強免疫力，防止老化。不過，如果經常泡在熱水裡，身體會逐漸習慣，所以我都是在43℃的熱水中浸泡十分鐘左右，兩次。

①【束腹褲】　KURASHIKINU 束腹褲 短版／¥7,370
②【保暖襪】　KURASHIKINU 保暖襪 基本款 4 雙組（緊密包覆型）／¥6,050

016

如何面對「女性的失調」

我去針灸診所是為了保養身體，而不是為了美容。針灸可以用來治療相當廣泛的疾病，如腰痛、頭痛、面部歪斜、憂慮過度而身體僵硬……無論提出什麼樣的症狀，針灸師總是能準確地在激痛點上扎針，緩解我的不適。

就像大家會定期保養自己的愛車一樣，身體也需要每年定期進行調整維護。而且，不能只是出現問題時才進行維護，定期保養是很重要的。

根據針灸師的說法，工作上承受了巨大壓力的時候、失戀的時候、經歷重大情緒衝擊的時候，很容易引發疾病。為了防止這種情況發生，最好盡可能避免處於「輕微不適」的狀態，並保持在良好的狀態。

針灸師擁有豐富的東方醫學知識，因此能向他們學習到新知識也是樂趣之一。

017

照顧好身體 提高自我肯定感

月經、更年期、生育和不孕症治療，以及性行為或私密部位的煩惱，長年以來，都是女性們難以公開談論與自己「身體」和「性」相關的煩惱。

現在，隨著**「女性科技（femtech）」、「私密護理（femcare）」**等新詞彙的誕生，在科技、服務和護理產品的幫助下，正面應對女性暗地裡苦惱的問題。

如果這個領域能夠提供更多服務，將能幫助女性更有活力、更舒適地生活，我對科技的進步寄予厚望。

同樣身為女性，我非常希望能夠為女性提供支援。兩年前，我建立了一個YouTube頻道（『Be the Change with MEGUMI』），邀請專家們來解決女性特有的問題。

關於**陰道、胸部和性健康**等。在聆聽專家的見解時，我強烈地意識到，「照顧和愛護自己的身體，會帶來自我肯定感。」

018

「私密處護理」為女人帶來無形的自信

提到私密護理，我是到了四十歲才開始私密處的保養。

首先，是**VIO除毛**。我去的沙龍**「Moalani」**[1]提供先做**巴西式除毛**再做雷射除毛的服務。

以前做雷射除毛非常痛苦，甚至會在治療過程中痛到拱起身體，但這間沙龍完全無痛，對我來說是最大的優點！但會痛可能代表輸出功率夠高，所以我覺得這取決於每個人優先考量的重點。

雖然私密處除毛還不是那麼普及，但毛髮往往會使皮膚乾燥，難以保濕，要維持肌膚水潤會變得十分困難。所以無論是出於衛生還是易於護理的因素，除毛的益處相當大。

清洗私密處就要使用專為私密處設計的清潔產品。

我個人愛用的是**MAROA的「私密處潔浴露」**[2]。這是一款可以在被香氣治癒的同時，抑制刺激、溫和洗淨身體的產品。

清洗過後，要用不含表面活性劑的精華油徹底保濕。私密處容易因為內褲磨擦而導致色素沉澱，經過保養可以淡化暗沉，使肌膚更加明亮、彈嫩、水潤。

當全身的肌膚飽滿水潤時，你會對自己的身材感到滿意，產生作為女性的「無形自信」。

①【除毛沙龍】　「Moalani」
〒 150-0001 東京都澀谷區神宮前 4-31-11 COSMO 原宿 5F　TEL 03-6434-0166
②【私密處專用皂基沐浴乳】　MAROA 私密處潔浴露 280 ㎖／￥3,080

019

「陰道護理」改善心理健康

為了終身健康著想，鍛鍊因生育或年齡增長而容易衰弱的骨盆底肌群，是不可或缺的。

這就是我做皮拉提斯的原因，它可以鍛鍊深層肌肉。

另外，使用**「聰明球」（陰道球）**鍛鍊陰道也不錯。

根據我在 YouTube 頻道上，採訪過的婦產科整形外科專家喜田直江醫師的說法，骨盆底肌肉像吊床一樣支撐著許多器官，一旦變得鬆弛，收緊尿道的力量就會減弱，而導致漏尿。在最壞的情況下，子宮或膀胱可能會位移脫落出來。

另一方面，私密處健康與女性的心態息息相關。曾經看過一個案例，一名女性沒有漏尿棉墊就無法出門，經過適當的治療並鍛鍊骨盤底肌肉後，她的體態越來越漂亮，最後甚至成功「創業」。

在亞洲私密處是「不看、不碰」的文化，但在歐美國家，卻是鼓勵大家「用心看、用心護理」的文化。

我想，法國女性即使上了年紀也勇於挑戰、充滿自信、享受生活，或許也和這一點有關吧！

這麼說可能有點誇張，但我不由得這麼想，關心自己身體的重要部位並採取必要護理，能夠提高女性的自我肯定感。

Chapter 4

偷走人心的美麗秀髮

001

35歲過後
「頭髮」造就戲劇性的女人

「頭髮」會大幅度改變女性給人的印象。

與其他人交談的時候，很少會被盯著臉看，但頭髮卻會一直被人盯著看。而且從光澤、顏色、彈性、白頭髮、受損程度等，視覺方面的情報幾乎能夠暴露出所有資訊！也許是因為經常被關注，頭髮在所有美容項目中「成果」是最明顯的。

尤其是三十五歲過後，頭髮的質感會從光澤變成霧感，如果可以接受這樣的變化並精心打理頭髮，看起來就會是高一個層次的女人。我這個年紀的人，可能會認為像凱特摩絲（Katherine Ann Moss）那樣的「自然髮型」，才是最時髦的。但現實中，想要一起床就有著一頭整齊漂亮的秀髮，根本是「幻想」。

一旦到了什麼都不做就像個「阿姨」的年紀以後，就得從自然的髮型中畢業。首先，為頭髮增添光澤是最重要的，再來才是兼具「整潔」和「神韻」！

順帶一提，如果在保養肌膚和妝容下了很多工夫，卻沒有花同樣心思在頭髮上的話，這個落差反而會是讓你看起來老很多的「陷阱」。打造出「美麗」的關鍵，在於平衡。能襯托出美肌的，絕對是水潤亮澤的頭髮。

002

一切必須先從清除汙垢開始

我追求的頭髮，是「水潤、整齊、像國中生一樣的頭髮」。純淨健康的頭髮，散發出的光澤給人一種水潤感，讓女性看起來格外乾淨美麗。

要做到這一點，首先，需要一款能像卸妝水一樣，徹底去除汙垢的洗髮精。「不清除髒東西，好的養分就會滲透不了。」這個原理和保養肌膚相同。

戰鬥甚至在洗頭之前就開始了。

首先，在洗頭髮前要先將整個頭髮梳理一遍，我使用的是梨花創立的品牌**AKNIR的「洗髮梳」**[1]。

梳完頭髮後，就可以用洗髮精。但在此之前，先用熱水把大部分髒汙沖洗掉，是很重要的。這裡的重點不在於「打濕」，而是時不時捧起頭髮「用熱水沖洗髒汙」。

雖然現在出現了各式各樣美容專用的蓮蓬頭，但我追求的是淋浴時可以沖洗掉髒汙，所以只會根據「水壓強度」來挑選。

接著，用洗髮精的重點在於「徹底起泡」。這是因為髒汙會轉移到泡沫上。此外，洗頭時要特別留意的是「髮尾」。因為頭髮定型產品主要會塗抹於「髮尾」。如果只清洗表面（頭皮）的話，髒汙就會殘留在髮尾上。

只用手是無法徹底清潔頭皮的，所以我會用前面介紹過的**uka的「舒活頭皮按摩刷」的「中硬款」**②按摩頭皮。使用頭皮按摩刷時，產生的泡沫大概是平時的三倍，不光是頭皮上的汙垢，整個頭髮上的髒汙也都能更輕鬆地去除。

如果使用洗髮精也沒有起泡的話，代表仍有髒汙殘留。那就再洗一次頭，徹底去除汙垢。

透過這種方式徹底清潔頭髮和頭皮後，對接下來要做的護髮有很大的幫助。

①【梳子】　AKNIR 洗髮梳／￥7,900

②【頭皮按摩刷】　uka 舒活頭皮按摩刷 中硬款／￥2,420／台灣售價 NT.680

003

透過「頭髮斷食法」重新找回美麗秀髮

其實我的頭髮最近正面臨著很大的危機。因為工作的關係，我在兩個月內不得不漂髮兩次，讓髮色變成「粉色↓黑色↓粉色」。

想當然爾，頭髮嚴重受損，變得乾燥易斷裂。

因為髮質受損讓整個頭髮看起來像鳥窩一樣，我難過到真的哭了出來。「原來頭髮不能美美的，會造成這麼大的心理傷害。」都說「頭髮是女人的命」，這話一點也不假。

這也促使我開始研究如何保養頭髮，抱持著抓住救命稻草的心情，進行多方嘗試，終於找到解決方案——**「頭髮斷食法」**。

平時我們都會在頭髮上塗抹髮油和定型產品。藝人的工作尤其如此，但這些東西殘留在頭髮上，確實不太好。使用髮油的時候要特別留意，如果把髮油塗抹在濕髮上再用吹風機加熱，就會跟炸食物的油一樣氧化，不好的油會積聚在頭髮裡。

「頭髮斷食法」是指，使用專用洗髮精洗淨難以去除的髒汙，不塗抹多餘的美髮品，透過護理讓頭髮恢復到最純淨的狀態。

廣島的沙龍**「Arts Holos Element Spa」**[①]有個內行人才知道的療程，當時每個月會在東京提供一次這種護理，所以我都會委託他們。

然後，只經過一次治療，頭髮就恢復到原來的狀態，讓我非常感動！

之後，使用「頭髮斷食專用洗髮精」在家自己護理了大約兩個月，發現頭髮有了顯著的改善。頭髮散發出光澤和柔順感，髮質變得跟小孩子的一樣，現在幾乎不需要使用任何造型產品。更令人驚喜的是，**去除髮油後，毛躁的原因消失了，原本捲曲的頭髮變得十分直順。**

由於使用的是專用產品，不曉得是否對每個人都有幫助。接下來，將介紹一些在進行「頭髮斷食法」的過程中，可以改善髮質的洗護技巧。

①【美髮沙龍】「Arts Holos Element Spa」（廣島市）／「ARTS PHOROSJ（銀座） https://www.artsholos.com

「頭髮斷食法」的做法

step

洗髮

梳理乾髮，在淋浴時徹底沖洗乾淨，用 PHOROS 的「頭髮斷食專用洗髮精」搓揉起泡並清洗。主要目的是去除堆積在頭髮上的油分，尤其要集中去除「髮尾」的汙垢。如果可以的話，洗到兩次就可以將髒汙去除乾淨！

step

頭皮按摩

用 uka 的「舒活頭皮按摩刷」的「軟款」來按摩頭皮。

step

護理 & 髮膜

將 PHOROS 的「頭髮斷食護髮乳」和「頭髮斷食專用髮膜」混合後，塗抹於整個頭髮，再用梳子梳理頭髮。這麼一來，護髮成分會均勻地分布在所有地方。放置大約三分鐘後沖洗乾淨，你會發現，頭髮出乎意料地水潤柔順。如果時間不夠充裕，也可以直接沖洗。但是經過放置的話，會更加滋潤。

004

調理好「頭皮」，「頭髮」就不扁塌

我們會在洗完頭髮後用吹風機吹乾，但千萬別忘了**「頭皮護理」**。當頭皮乾燥時，皮膚會變硬、臉部會下垂，髮根失去活力的話，頭髮也有可能會脫落。相反的，如果頭皮得到滋潤，新長出來的頭髮也會很健康，扁塌的頭髮就會「豎立」起來。

頭髮是死掉的細胞，所以剪掉也不會痛，但頭皮的細胞是活的，只要給予必要的潤澤，一定會恢復活力。

如果對自己的頭髮沒有自信，就會像我一樣，「只能一直把頭髮紮起來」。然而，當照顧好頭皮，讓頭髮恢復活力時，你可能會想：「我今天頭髮的狀態不錯，放下來也可以。」放下頭髮就會變成一種選擇。

市面上有各式各樣的頭皮乳液，但在進行頭髮斷食法的過程中，我會使用**PHOROS的「頭髮斷食保濕乳液」**①和**「頭髮斷食精華液」**②。既可用於頭皮，也可以用於頭髮，非常實用。

①【頭皮 & 頭髮專用乳液】　PHOROS 頭髮斷食保濕乳液 350 mℓ／￥9,680
②【頭皮 & 頭髮專用精華液】　PHOROS 頭髮斷食精華液 350 mℓ／￥19,580

005

不吹乾
就不要洗頭

「放著濕濕的頭髮不管。」

如果你想要擁有一頭秀髮，這種情況是絕對要避免的。

濕髮是處於角質層打開的狀態，因此更容易受損和流失水分。如果就這樣直接睡覺，頭髮受到摩擦後一定會受損。

關閉角質層的唯一方法，就是將頭髮吹乾。

洗完澡後，我會先用毛巾擦乾，對頭皮和頭髮進行保濕後，立刻用**吹風機**[1]吹乾。

吹頭髮之前別忘了先梳理頭髮，頭髮會更加柔順好整理。

在累得像一灘爛泥的日子裡，如果你覺得自己「洗了頭髮可能會沒吹乾就跑去睡覺」的話，乾脆不要洗頭直接睡覺，隔天早上再洗頭一定會更好！

此時，只要在頭皮上塗抹頭皮專用乳液，將髒汙清除到最低限度即可。

①【吹風機】　HOLISTIC cures 全效修護磁石專業吹風機 ZERO（黑）／￥29,700

006

讓頭髮看起來有光澤的「捲髮吹風機」

在美髮沙龍吹完頭髮時，頭髮總是「閃閃發亮」。這是因為美髮師在吹頭髮的時候，會用梳子將角質層往同一個方向吹，使頭髮表面產生光澤。

自己在家裡使用**「捲髮吹風機」**，也能達到相同效果。「捲髮吹風機」是一種附帶捲髮梳的吹風機，在昭和時代曾經風靡一時，但現在又推出更多功能優秀的產品。

我個人愛用的是**LOUVREDO的「復元吹風機漆黑」**[1]。這是美髮沙龍跟我分享的產品，真的很好用！它可以讓頭髮變得閃亮動人，所以我在晚上和早上都會使用。

晚上，先用普通吹風機吹乾頭髮，等到去除一定的水分後，再換成「捲髮吹風機」。

當你從髮根處挑起頭髮，再順順地拉到底，原本往外翹的頭髮就會變得很整齊，就像剛去完美髮沙龍一樣！

最後切換成冷風，再用捲髮吹風機吹過一遍後，頭髮會更加柔軟，呈現出「天使光環」的效果。

「捲髮吹風機」是早晨替頭髮做造型時的得力助手！

首先，將頭髮塗上髮妝水，或前面介紹的「頭髮斷食保濕乳液」，待頭髮吸收完以後，再用「捲髮吹風機」做造型。如果想整理得更漂亮，可以只在頭髮表面使用**CREATEs的離子夾「Hybrid Straight Plus」**②來提升亮度。

最後，如果頭頂有冒出來的小短髮，稍微塗抹一點髮油，就完成了。髮油一定要在乾髮的狀態下塗抹。**自從我完全改掉「在頭髮濕濕的狀態下擦髮油」的習慣後，髮質確實有所改善。**

即使只使用極少量的髮油，只要用捲髮吹風機和離子夾，就能吹出滑順、純淨的秀髮。

①【捲髮吹風機】 LOUVREDO 復元吹風機漆黑／￥23,100
②【離子夾】 CREATEs Hybrid Straight Plus ／￥14,080

MEGUMI的主力護髮用品

在我的頭髮面臨巨大危機時，就是這個神器解救了我。
女人的頭髮如果不是美美的，真的會對心理健康會造成極大的傷害！
頭髮是大家最常注意的部位，如果保持整潔美麗，是一項很好的投資。
除了肌膚保養和彩妝之外，別忘了也要對頭髮進行護理。

洗髮 & 護髮

A PHOROS 頭髮斷食專用洗髮精 500 mℓ／¥7,480

B PHOROS 頭髮斷食護髮乳 500 mℓ／¥7,480

C PHOROS 頭髮斷食專用髮膜 250 mℓ／¥15,950

洗髮梳 & 頭皮保養

D AKNIR 洗髮梳／¥7,900

E uka 舒活頭皮按摩刷 中硬款／¥2,420／台灣售價 NT.680

頭皮護理

F PHOROS 頭髮斷食保濕乳液 350 mℓ／¥9,680

G PHOROS 頭髮斷食精華液 350 mℓ／¥19,580

H AKNIR 藥用頭皮護理精華液／¥7,800

捲髮吹風機

I LOUVREDO 復元吹風機漆黑／¥23,100

髮油

J OLIOSETA 護髮油 30 mℓ／¥1,650

B
A
C
F
G
PH
OR
OS
HFT
HFS
HFM
AKNIR
H
D
I
E

007

擺脫土味，大力推薦「色彩診斷」

很難知道自己適合什麼「髮型」和「髮色」。

髮色和眉毛一樣，最好不要自行判斷，而是從第三方，尤其是從專業人士那獲得客觀的建議，絕對是更好的選擇。

為了找出適合自己的風格，建議大家去做一次**「個人色彩診斷」**和**「骨骼診斷」**。

診斷結果會告訴你適合什麼樣的妝容、髮型和穿搭，只要做一次診斷，這些知識就會受用一輩子。說這是足以改變人生的投資，也不為過。如果可以擺脫土味，讓人留下好印象，無論是在戀愛方面還是在工作方面，都大有助益！

一位比我年輕的女演員，在去做了這種診斷後，整個人變得超美，令人不禁好奇她身上發生了什麼變化。

全國各地都有各式各樣的沙龍，但我是在表參道的沙龍**「ema」**①做顏色診斷、骨骼診斷和臉型診斷。

結果我得到了關於髮型、髮色、穿搭方面的具體建議。例如：「髮型最好是（完全沒有波浪的）直髮，衣服應該要露出鎖骨」或是「不適合穿泡泡袖的衣服」等，從那之後，我在購物上就變得輕鬆許多！

由於我很清楚地知道自己需要什麼和不需要什麼，確實少花了很多冤枉錢。

「喜歡」和「適合」是兩回事。

只有「適合」自己的東西，才能讓祕密武器發揮最大功效，讓你看起來最光彩奪目。

當然，維持自己喜歡的樣貌也是一種選擇，但希望大家可以體驗看看，穿上適合自己的東西時所散發出來的光芒，以及它如何改變你的人生。

①【個人色彩診斷沙龍】　「ema」
〒150-0001 東京都澀谷區神宮前 5-47-10 OD 表參道大樓 302
TEL 03-6416-5326（BONITO）
* 綜合診斷（骨骼、個人色彩、臉型、重點彩妝）¥38,500

008

什麼是絕對不吃虧的「棕髮」？

我每兩個月染一次頭髮。指定的顏色基本上都是「棕黑色」。這個顏色很適合我的膚色，再加上我的眼睛略帶棕色而不是純黑色，所以眼睛和頭髮顏色可以很協調。

前面介紹的「個人色彩診斷」的一大重點，就是找出適合自己的髮色。這是因為我覺得很多成年女性，都曾因為「棕髮」而吃虧。

亞洲人的膚色天生偏黃，所以頭髮若是明亮色調的棕色，很容易讓人留下看過即忘的印象。此外，偏黃的棕色可能會讓你看起來顯老。

當然也有適合那種棕色的人，但棕色基本上是很深奧、很難駕馭的。如果你很迷惘，「配合眼睛的顏色挑選」是絕對不會出錯的做法。但經過顏色診斷後，可以明確釐清適合自己的色調，找到「棕色系」中適合自己的顏色，就絕對不會吃虧。

009

你的髮型
還停留在「高中生時期」嗎？

我想大家最認真鑽研髮型和彩妝的時期，應該是學生時代吧！我也是在「高中」的時候，最熱衷於用捲髮棒和離子夾，把頭髮夾捲或夾直。

危險的是，「這個時期」就是我們多數人用心鑽研的巔峰時期了！

這也不是什麼需要遭受指責的事。隨著逐漸長大，承擔的角色和責任也越來越多，日常生活已經讓我們忙得不可開交，沒有餘力去「了解流行趨勢」。如果我不是在這個業界工作，可能到現在還留著高中時期的髮型。

停止更新就代表你正把自己的順位往後移。是時候該重新關注自己，珍惜作為女人的自己。

可以與時俱進且「樂於更新自己的人」，是最有魅力的。具有時代感的同時，又能展現出原創性的人，既受到異性也會受到同性的喜愛。

容貌會持續發生變化，時代、髮型和妝容的趨勢也一直在改變。一定會有一種髮型、妝容和穿搭，是適合現在的自己。一起嘗試色彩診斷，了解趨勢，並享受更新的樂趣吧！

010

美髮沙龍要依照「吹」、「剪」、「染」區分使用

我對美髮的原則，是「擁有多家可以信賴的沙龍」。

每位美髮師都有自己擅長的領域，所以我會根據自己的目的來選擇沙龍。比如說，「剪髮找這個人」、「做造型的話找這個人」、「染頭髮就交給這個人」等。

我也喜歡去**專門提供洗髮&吹髮的沙龍**整理頭髮，讓我的「今天」可以愉快地度過。在「HOT PEPPER Beauty」上發現「洗加吹只要二千二百日圓?!」的超值店家也會馬上預約！

你曾經遇過這樣的情況嗎？去有著裝要求的餐廳時，穿上正裝後，想著：「那我的頭髮該怎麼辦？」此時，專業吹髮沙龍就派上用場了。甚至可以用銅板價加購按摩服務，在身心放鬆的良好狀態下出門，心情也會更好。不僅限於特殊的日子裡，平時約會或用餐前，去一趟美髮沙龍也是不錯的選擇。非常推薦大家這麼做。

Chapter 5

調理身心

001

調理自律神經系統的「泡澡時間」

人生在世，有好事也難免有壞事。我也會有後悔的時候，想著「如果當時那麼做就好了」或「不應該說那樣的話」。這種時候，泡澡就像是自我調節的「儀式」。如果有什麼不愉快的事情，在洗澡的時候也能一併沖洗掉。相反的，如果你的情緒很激昂亢奮，也可以平衡一下。泡澡時間是一天當中很重要的時間，可以調節自律神經系統，放鬆身心，促進睡眠。

為了照顧自己的心理健康，我最近做的事是**點蠟燭進行專注於當下的「正念」**。

關掉浴室的燈，在一片漆黑中泡在熱水裡，專注地深呼吸，看著香薰蠟燭的火焰不斷變換形狀，內心會逐漸平靜和放鬆。

我個性比較急躁，老是會想東想西，點蠟燭冥想是一種讓我更容易集中注意力的方法。據說，只專注於「眼前的事物」，會對心理產生正面的影響。

人們的情緒應該盡量維持平衡，才能表現得更好，做出更好的選擇及創作。這就是為什麼建議大家盡可能地將正念融入生活中。

當我情緒不穩定時，會在泡澡時間使用dō的**「BODY SCRUB & BATH PASTE 身體磨砂膏」**①。這是一款融合了日本和中國植物萃取物的絕妙產品，可以為你帶來植物的力量。其中又分成**「補ho」**和**「瀉sha」**兩種，「補」是陽的要素，「瀉」是陰的要素。

用磨砂膏搓洗完整個身體後，直接浸泡到浴缸裡，就可當作入浴劑使用。以價格來說，每天使用太奢侈了，所以每週只會出現一至兩次。

泡澡調節完身心靈以後，要盡快吹乾頭髮，趁著身體還暖呼呼的時候上床睡覺。不要碰手機，找一本書來看，當體溫慢慢下降後，就能順利進入夢鄉。

①【身體磨砂膏】 dō BODY SCRUB & BATH PASTE 身體磨砂膏 補 ho、瀉 sha 各 600g／各￥8,360

002

讓麻煩的洗澡也充滿幹勁的法寶

說到「有儀式感的洗澡」，大家可能會想像成很優雅的泡澡時間，但並非如此。疲憊時要洗澡是一件苦差事，我總是邊洗澡邊想著：「洗澡怎麼會這麼無趣啊！」這就是生活的寫照。這就是為什麼我會把所有注意力都在放「香味」和「可愛」上，讓泡澡時間可以提振精神。

平時我總是會準備三種沐浴露，從平價品牌到奢侈品牌都有。其實有很多沐浴乳都可以讓人提振精神。有的是包裝時尚，有的是香味充滿讓人心動的女人味。

CHANEL的沐浴露①就具有最優雅的香氣，一用就瞬間覺得自己是個好女人。如果收到了這種奢華的禮物，建議可在重要工作的前一天使用，為自己鼓舞。

而我洗澡都會用沐浴海綿。**kai的「body buffer 沐浴海綿」**②只需要用清水即可起泡，香氣和起泡效果都令人愛不釋手。

①【沐浴露】　CHANEL N°5 沐浴露 100 mℓ／¥6,050／台灣售價 200 mℓ NT.1,990
②【沐浴海綿】　kai body buffer 沐浴海綿 78g×2／¥7,150

003

「香草」對心靈的作用超乎你的想像！

在英國，用醫療藥草改善身體狀況的**「植物療法」**非常盛行，現在在日本也引起了人們的關注。

在國外的電影節即將到來之際，我本來應該要提振精神的，但不管怎麼樣都無法擺脫疲倦感，也提起不幹勁，面臨了很大的危機。當時拯救我的，便是**「草本茶」**。

下北澤的**「NeRoLi herb」**①是許多女演員經常光顧的地方，在那裡經過諮詢後，他們會根據你的身體問題調配草本茶。雖然我很排斥中藥的味道，但草本茶卻出奇的好喝。連續喝了三天以後，身體感覺好多了，心情也跟著變好。從那時起，我每天會在保溫杯裡裝800㎖的草本茶，天天隨身攜帶飲用。

順帶一提，我的原則是每天喝「1.5公升」的水。根據針灸師和診所醫師的說法，1.5公升是最適當的飲水量，喝太多也不好。補充大量的水促進體內循環，可以紓緩身心。

①【草本茶專賣店】　「NeRoLi herb」
〒155-0031 東京都世田谷區北澤2-1-7 HOUSING 北澤大樓 II 3F
TEL 03-5432-9265

004

用「香味」擁抱自己

我非常喜歡香味，連出門都會隨身攜帶專門用來裝「香氛」的小包。

香氣的力量，比大家想像中的還要大。

當你在疲倦的時候吸入香氣，呼吸會變深，頭腦會一下子放鬆下來；當荷爾蒙失衡時，感受香氣可以知道「今天就是這樣的日子」，並有助於了解自己的生理節奏。由於香水會直接接觸到肌膚，所以我在挑選的時候不會妥協。

能直接擦在肌膚上的香薰油或精油，只要一瓶就擁有相當廣泛的用途。

可以在上班前塗抹於頸部並進行按摩，或混合在身體乳液裡，用香氣保護自己。如果塗抹於胸口會散發光澤，當然，光是聞到香味也有治癒的效果！對我來說，就像是隨身攜帶的「護身符」般的存在。

很喜歡**Saly Beautism的「captivate perfume」**[1]，我甚至擁有整個系列。**doTERRA的精油**[2]品質也很好，在手邊總是會擺幾瓶。**THERA的塗香**[3]也是我很喜歡的香味，我會裝在化妝包裡隨身攜帶。塗香是一種自古流傳下來的**「和香水」**，將香木和中藥材的香原料碾碎後，混合而成，是讓人感到神清氣爽的香味。

很喜歡為我扮演的角色挑香水，並在拍攝期間讓那個香味籠罩自己。香味會觸發記憶，讓我更快進入到角色之中。這是仿照女演員宮澤理惠養成的習慣。即使在家裡，香味也是令人安心的後盾。習慣儲備一些香、香薰油、香水，並根據當下的心情挑選使用。

睡前讓臥室全暗，噴幾下舒眠香氛噴霧，在自己喜歡的香氣中入睡，是一件多麼幸福的事！聞到好聞的氣味會幫助你加深呼吸，紓緩煩躁和頭痛，讓人在一天的尾聲中，感受到舒適和療癒。

①【香薰油】 Saly Beautism captivate perfume ／各￥4,064

②【香薰油】 doTERRA 薰衣草精油 15 ㎖／￥5,600／台灣售價 NT.1,460、乳香精油 15 ㎖／￥15,000（參考零售價）／台灣售價 NT.4,170

③【和香水】 THERA 塗香 3g ／￥1,870／台灣售價 NT.650

005

我的三餐「原則」：吃什麼造就什麼

身體永遠是自己的資本。身體是由我們吃下肚的東西所組成，所以必須在飲食方面特別留意。接下來，介紹我一天的飲食習慣。

◆「早餐」（排泄時間）

我在早上第一口，喝的是**加了一點檸檬的熱水**。檸檬具有抗氧化作用，可以防止身體「氧化」。**已故的May牛山**（前好萊塢美容專門學校校長）每天吃四至五顆檸檬，直到九十多歲仍充滿活力地工作。喝完熱水後，再喝一杯喜歡的咖啡。習慣加點有益腸道健康的**椰子油**一起飲用。早上屬於排泄時間，所以我都不怎麼吃東西，覺得餓的時候，就吃當季的水果。不過每天早上為家人煮味噌湯，也是身為媽媽的日常工作。

◆「**午餐**」（**吃得飽飽的**）

三餐中吃得最多的一頓是午餐。雖然每天的情況都不一樣，但如果在外面吃飯，我就會去飯糰店或蕎麥麵店。固定原則是「第一口先吃生食」。未經烹煮的蔬菜，如沙拉或蘿蔔泥，含有酶，有助於消化。

◆「**點心**」（**原型食物**）

烤地瓜和**栗子**非常適合當作點心。其他原型食物也可以，如**堅果**或**水煮蛋**等。不過，有時候慰勞品收到西式點心也是照吃不誤。

◆「**晚餐**」（**以味噌湯、肉、蔬菜爲主**）

每週大約有四至五天會自己煮飯，和家人一起共進晚餐。晚餐基本上是以溫暖身體的味噌湯、打造美肌的肉和白飯為主。餐桌上一定會有的是時令蔬菜，通常會做成沙拉、蘸醬食用或是醃製。盡量選擇吃大量蔬菜也不會膩的調理方式。

006

經過10天的「嫩糙米排毒」讓腰圍少了6公分！

我習慣每半年讓身體排毒一次。

但是，斷食排毒並不適合像我這樣行程匆忙的人，皮膚反而容易變得粗糙和產生皺紋。

有沒有在正常進食的同時，也能排毒的方法呢？我在尋找的過程中，找到了**「嫩糙米重置計畫®」**①。

這是一個為期十天的計畫，每天吃兩杯的嫩糙米和有大量蔬菜的味噌湯，配菜則是少量的昆布、醃漬物或梅乾等。儘量少吃動物性食品。此外，基於「咀嚼＝腸胃運動」的理念，目標是第一口咀嚼一百次。

在管理營養師**萩野祐子**的幫助下，有任何問題就會一一詢問並加以解決。起初，我還有點半信半疑：「一天吃兩杯米會變胖的吧!?」但在執行後的第四天，體重反而開始下降。到第十天結束時，我的腰圍甚至減少了五公分。背上的肉減少了，肩膀僵硬和腰痛也得到了緩解。頭腦變得更清晰，睡眠品質提升，深切地感受到「食物會影響到人！」

不過，每次執行都覺得前五天很難熬。就我個人而言，增加咀嚼次數和不攝取咖啡因會導致頭痛。隨著新陳代謝產生變化，身體甚至會浮腫。但在那之後，可以期待身體會迅速放鬆下來，身型也整個縮小一圈。

我最近一次執行的成果，體重減掉二公斤，腰圍也減少了大約六公分！在執行的過程中，血糖值上升得比較緩慢，所以飯後不會有「動不了」或「很睏」的情況發生，可以接著去做其他事。而且不知道為什麼，突然被激起了想要大掃除的心情，扔掉了一大堆東西，這也是令人高興的變化。

由於每個人的體質不一樣，所以不建議每個人都這樣做。但對我而言，每半年花一次這樣的時間來面對自己的身體是件好事，所以決定持續這麼做。

①【排毒計畫】　間歇性斷食法®嫩糙米重置計畫／￥59,400　https://you-eat.net/

007

為了「腸活」調整的生活作息

我覺得過了四十歲依然漂亮的人，是「健康」而「自然」的。我嚮往的美麗是「早上素顏見人也美美的」。為了實現這個目標，最近特別專注在**「腸活」**上。

不是單純吃對腸道有益的食物而已，而是先暖胃（腸道）以改善腸道功能，然後再吃對腸道有益的食物。自從開始實踐以後，解決了我的便祕問題，整個身體都很暖和，皮膚變得更有光澤，感受到自己的外表產生了正面的變化。

根據**NeRoLi herb**[1]（p．178）**的萱原AYUMI**的說法，腸道是個很容易受到「畏寒」影響的器官，當腸道處於受寒的狀態時，就無法進行良好的吸收，導致免疫力減弱、慢性疲勞、失眠、煩躁等各種不適。腸道是消化和吸收食物，並將不必要的廢物排泄出去的器官。腸道環境是健康的關鍵，會大幅度影響我們的免疫力。

為了保持腸道溫暖，我每天都會在浴缸裡泡澡。

此外，我還會穿束腹褲來防寒（p.135中介紹的**「束腹褲」**[②]），冬天的時候在腹部和背部貼暖暖包，也是不可或缺的。

由身體內部溫暖腸道的方式，是**「腹式呼吸法（draw in）」**。擺好姿勢後，讓腹部凹陷到無法再繼續下去的程度，身體就會從內到外暖和起來，連指尖都會變得溫暖。這個動作可以在工作或做家事的時候進行，很適合養成每天做幾次的習慣。

用綠茶和薄荷茶混合而成的「美腸茶」，是日常生活中必備的飲品。據說有防止大腦老化、淨化腸道等效果。

另外，我也很推薦用牛骨或魚骨熬成的**「大骨湯」**。聽說大骨湯可以修復腸道黏膜，去除壞死物質。磨碎的納豆則含有更多的納豆菌，有利於腸道活動。在睡前，將一口大小的納豆和味噌混合食用，腸道中的益生菌會大幅增加，幫助腸道運作。

下一頁，會介紹幾個簡單的**「促進腸道活動的飲料」**食譜。

①【草本茶專賣店】　「NeRoLi herb」
〒155-0031 東京都世田谷區北澤 2-1-7 HOUSING 北澤大樓 II 3F　TEL 03-5432-9265

②【束腹褲】　KURASHIKINU 束腹褲 短版／￥7,370

菅原AYUMI親自傳授！讓身體活動起來的簡易腸活食譜

從內到外溫暖你的胃

甜酒熱巧克力

食材（1人份）

甜酒……1杯

可可粉……適量

甜酒是一種發酵食品，含有大量的膳食纖維和寡醣！

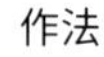

作法

1 將加熱過的甜酒倒入杯中，加入適量的可可粉並攪拌均勻。

可可富含膳食纖維♪，可以藉由增加血液流動來溫暖身體！

為腸道注入活力！

橄欖油可可熱湯

食材（1人份）

熱可可……1杯

橄欖油……適量

寡醣……適量

綜合堅果……適量

橄欖油可以溫暖腸道，並促進腸道功能。

寡醣能促進腸道蠕動，增加雙歧桿菌。

作法

1 在熱可可裡加入寡醣和橄欖油，攪拌均勻後再加入搗碎的堅果，作為熱湯飲用。

堅果則可促進血液循環，防止老化！

清理腸道！

肉桂香蕉甜酒奶昔

香蕉富含鎂，
可以軟化大便！

食材（1 人份）

香蕉（切成小塊）……1 根
甜酒（加熱）……1 杯
燕麥奶……1/2 杯
寡醣（蜂蜜也可）……1 大匙
肉桂粉……1 小匙

肉桂有助於血液循環，
具有調節腸道和
促進消化的作用，
非常適合用來
溫暖受寒的腸道！

作法

1 將所有食材放進果汁機，攪拌至香蕉變得細緻順滑為止（也可使用手持式攪拌棒）。

冷凍備用就能天天飲用

紅醬鮭魚湯

番茄可以防止
壞膽固醇黏附。

食材（1～2 人份）

番茄……1 顆
洋蔥……1/2 顆
水煮鮭魚罐頭……1 罐
小魚乾調味粉……1 大匙

鮭魚可以淨化血液
並提供蛋白質、
EPA 和 DHA。

A

黑豆粉……1 大匙
烏醋……1/2 大匙
紅味噌……25g
麥味噌……25g
芝麻粉（白）……1 小匙

洋蔥可以預防
壞膽固醇增加！

作法

1 將水煮鮭魚罐頭連同湯汁一起放入保鮮夾鏈袋中，搓揉。
2 將切碎的番茄、磨碎的洋蔥和小魚乾調味粉，加入作法 1，再加進 A，搓揉均勻。
3 壓平作法 2 以後冷凍保存。
4 切成適當大小，將適量放入杯中，再倒入熱水。

008

讓「晨間散步」帶來幸福的日常生活習慣

我會盡可能在早上起床後，一小時內多多走動。

早晨沐浴在陽光底下時，會增加一種別名為「幸福荷爾蒙」的血清素。另外，據說有節奏感的運動有助於增加血清素，所以我覺得走路會有雙重效果。

當早上第一件事就是走路時，一接觸到新鮮空氣，就會覺得自己不管要做什麼事都充滿了動力。一早就能感受到幸福的日子裡，一整天的狀態都會很好！

最理想的情況是走三十分鐘左右，如果時間不夠充裕的話，就算只走五分鐘或三分鐘，感覺也會完全不同。尤其是遇到困難的時候，走著走著會讓自己的精神狀態越來越正向。

如果沒有時間走路，就打開窗戶，曬曬太陽也有相同效果。

據皮拉提斯老師的說法，沐浴陽光時轉轉脖子，就能促進血清素的分泌。大力推薦能讓自己變快樂的「血清素促進活動」。

009

把煩惱全部寫在「筆記本」上

有時候，會碰到不講理的事情或是遭人背叛。每個人都有被負面情緒壓垮的時候，對吧？我當然也經歷過。此時，我會在筆記本上宣泄出心中的苦悶。

「這令我感到痛苦」、「這讓我很難受」，一個個寫下來。雖然很難為情，但也不會有人看到，所以可以將所有真實感受通通吐露出來。

真的要把煩惱寫下來時，其實最後通常就只寫了三個左右。當我們精神崩潰的瞬間，總覺得自己有無窮無盡的煩惱，但實際要寫出來時，卻發現寫下三個左右就會停筆。我想，大概是因為同樣三件事一直在腦海中縈繞吧。

在紙上寫出來以後，就能釐清需要如何折衷處理或妥協。

例如，「這件事只能交給時間解決」、「畢竟錯在我，那就只能道歉了」、「雖然不是我的錯，好像也只能原諒對方」之類的。一旦明白了這一點，內心就會平靜下來。

四十歲過後還愁眉苦臉的話，別人不會覺得「可憐」，只會覺得「可怕」，所以照顧好自己的心理健康也是重要的工作。如果你能嘗試各式各樣的事情，從中找到在情緒低落時，可以控制自己的方法，生活就會變得輕鬆一些。

苦惱的時候，我經常會求助於書籍。

雖然現在網路上充斥著很多資訊，但從書籍中獲得的才是真正的資訊。製作一本書是一項相當艱難的工作，需要堅強的意志和大量的精力才能完成。我自己在出書的過程中也辛苦過，所以會比別人更信任書籍。

尤其是在我三十多歲到四十多歲的時候，工作不順遂時，就會如飢似渴地看書。

想向大家介紹四本，在人生道路上給予我很大啟發的書，供大家參考。

MEGUMI 觸動內心的4本書

為了保持內心的平靜，
不光是要管控自己的心理健康，管控身體也是很重要的。
在這裡介紹一下，我在遇上苦惱時所仰賴的四本書。

《野心的建議》

林 真理子 著／講談現代新書

這是一本記錄林老師在碰壁中成長的書。在日本，女性展現出自己的野心時，經常會被疏遠和側目，但這本書強烈肯定了這股野心，給予我很大的勇氣。

《女性的工作方式：「以自我為中心」的工作技巧，在男性主導的社會中自由行走》

永田潤子 著／文響社

作者是第一位進入海上保安大學校就讀，且任職於海上保安廳的女性。可以獲得如何在男性主導的社會中工作的啟發。喝一杯「午餐啤酒」補充能量也不錯！

《絕佳的身體狀況》

鈴木祐 著／ Cross Media Publishing (Impress)

書中充滿了基於科學根據的資訊，例如「哪怕只是看影片，看著大自然就能減輕壓力」等。我透過這本書，學到走路可以提高大腦的工作效率，所以一直在實踐中。

《神一般的心理素質：「意志堅強的人」的人生稱心如意》

星 涉 著／ KADOKAWA

我養成把煩惱寫在紙上的習慣，就是受到這本書的影響 。 除此之外，還可以了解調節心理素質的具體方法。

010

透過冥想「淨空」心靈

大家是否覺得那些充滿魅力、受到大家愛戴和珍視的人，其共同點就是「表情很好」呢？

臉部表情，是一個人最美麗的東西。即便擁有再美麗的肌膚、砸大錢做美容，一旦眉頭深鎖或是一臉缺乏自信，看起來就不會是美麗的。

改善心理狀態，能讓一個人看起來富有魅力，所以我認為「心理護理」和「美容」同等重要。

為了心理健康，我所仰賴的方式是**「冥想」**。

當你透過冥想調整心態後，即使正在面臨艱難的事情也能夠客觀看待，在與人相處時，也能保持良好狀態地做自己。

也許很多人會說：「忙著處理各式各樣的事，一天就結束了。」但我最近開始思考：「一直過著被追趕的人生，真的好嗎？」

當我這麼想的時候，也是做冥想。在家冥想會獲得良好的靈感，要付諸行動，進展也會很快！可以讓思緒變清晰，因此更快地完成工作。

◆冥想是什麼？

據說，人們一天會思考二十萬件事，像是「做那件事吧」、「做這件事吧」、「好冷」、「好熱」、「我不喜歡這個」等。當人們滿腦子都是這些想法時，就不會產生創意、靈感或直覺。可以理清思緒、發揮創意的方法，就是「冥想」。

最近，科學研究證實了冥想對於健康和大腦都有正面影響，受到了史蒂夫·賈伯斯（Steve Jobs）等世界知名的成功人士喜愛。

◆怎麼冥想？

冥想的方式有很多種，但閉上眼睛專注呼吸的冥想，最好是在早上和傍晚空腹的時候進行。這時候，初學者可以透過**「究極冥想」（應用程式）**或YouTube的引導輕鬆入門。時間盡量控制在二十分鐘左右，如果覺得困難，也可以只做三至五分鐘。

早上冥想過後再清潔客廳的話，頓時感覺神清氣爽、頭腦清晰，原來做起事來可以如此暢快！

◆尼馬爾式冥想

我最近迷上來自尼泊爾的**尼馬爾．拉傑．加瓦利（Nirmal Raj Gyawali）的冥想方法**[1]。這位老師從九歲開始練習瑜伽，十五歲開始向皇室和政府要人教授吠陀哲學和冥想。我不是很擅長在冥想的過程中阻斷自己的思考，但尼馬爾式冥想會給你明確的指示，比如「接著把這個手指換成這個手指」、「接下來……」等，這樣更容易進入冥想狀態。做的越多，頭腦就越清晰，精神上也會變得更加沉著。其實自己滿愛操心的，即使什麼事情都還沒有發生，就已經開始擔心，但透過冥想幫助我的情緒穩定了許多。

◆ **在寺廟裡坐禪**

我去京都的時候，經常會去**「兩足院」**②坐禪。那裡有位**伊藤東凌先生**（很帥的住持！）非常擅長引導人們冥想。當你在擁有四百年歷史的庭院裡坐禪，同時感受線香的香氣和微風，自然而然地，就能專注當下發生的事情，遠離雜念。

①【冥想工作室】 「suwaru」https://suwaru.co.jp/

※suwaru 冥想應用程式（冥想問題諮詢／線上冥想課程）計畫於 2023 年 4 月上架

②【可以體驗坐禪的寺廟】 「兩足院」

〒 605-0811 京都府京都市東山區大和大路通四條下 4 丁目小松町 591 TEL 075-561-326

結語

我從過去十年裡，嘗試過的大量美容方法中，介紹了我覺得真正好的方法（書中列出的所有商品都是我的個人物品）。正如書中開頭所寫，如果大家能參考我這次介紹的內容，將美容融入日常生活中的話，我會非常高興的。

我在美容生涯中意識到，打開一扇門後，下一扇門也會接著打開。當你的肌膚在用過面膜後變得水潤，你就會開始擔心暗沉，想著「我想擁有更晶瑩剔透的肌膚！」然後開啟泥膜和美容液的大門。希望大家可以持續開啟這些門，不斷嘗試，找到真正適合自己的方法。

這次介紹的美容產品，都是我在美容生涯中總結出來的真實心得，但只有一種方式，可以讓你從世界上琳瑯滿目的東西中，找到適合自己的美容方法，那就是「親自嘗試」。

當你持續你的美容之旅，就能逐漸釐清自己喜歡什麼、什麼東西可以療癒自己、什麼東西適合自己。相信到時候你已變得美麗動人，也一定感覺得到內心的變化。

為了在這個動盪的時代裡，快樂平穩地生活，了解自己、讓自己保持好心情比什麼都重要。

人生在世，每天都會發生很多事情。但作為一個成年人，最關心、最照顧自己的人也只有自己了。在這種時候，「美容」就是你最強而有力的盟友。

正如我在書中多次提過的，變美的捷徑就是堅持下去。我們生活在現代，雖然每天都過得很忙碌，但還是一起享受用心做美容保養的樂趣吧！

非常感謝各位讀者閱讀這本書到最後，感謝所有教我這麼多美容方法的人，也很感謝在緊湊的行程中用心製作出這本書的所有工作人員。由衷地希望，所有讀者都能在美容的力量下，過著更璀璨閃耀的日子。

MEGUMI

美麗由此誕生

從1000多種美容方法中，只告訴你真正有效的！

作　　者　MEGUMI
譯　　者　林以庭

責任編輯　楊玲宜 ErinYang
責任行銷　鄧雅云 Elsa Deng
封面裝幀　李涵硯 Han Yen Li
版面構成　黃靖芳 Jing Huang
校　　對　許世璇 Kylie Hsu

發 行 人　林隆奮 Frank Lin
社　　長　蘇國林 Green Su

總 編 輯　葉怡慧 Carol Yeh
日文主編　許世璇 Kylie Hsu
行銷經理　朱韻淑 Vina Ju
業務處長　吳宗庭 Tim Wu
業務專員　鍾依娟 Irina Chung
　　　　　李沛容 Roxy Lee
業務秘書　陳曉琪 Angel Chen
　　　　　莊皓雯 Gia Chuang

發行公司　悅知文化　精誠資訊股份有限公司
地　　址　105台北市松山區復興北路99號12樓
專　　線　(02) 2719-8811
傳　　真　(02) 2719-7980
網　　址　http：//www.delightpress.com.tw
客服信箱　cs@delightpress.com.tw
I S B N　978-626-7406-79-3
建議售價　新台幣390元
首版一刷　2024年6月

國家圖書館出版品預行編目資料

美麗由此誕生：從1000多種美容方法中,只告訴你真正有效的!/Megumi著；林以庭譯. -- 初版. -- 臺北市：悅知文化精誠資訊股份有限公司, 2024.06
面；　公分
譯自：キレイはこれでつくれます
ISBN 978-626-7406-79-3(平裝)
1.CST: 美容 2.CST: 美髮 3.CST: 化粧術
425　　113007369

建議分類｜生活風格

攝影：217..NINA
裝幀設計——矢部あずさ Azusa Yabe（bitter design）
髮型設計師——加藤恵 Megumi Kato
服裝造型師——大浜瑛里那 Erina Ohama
服裝協力——
（P75）粉色罩衫／Prune Goldschmidt（Maison DixSept Inc.）
（P88）亞麻坎肩、亞麻平口連身裙／ROOM NO.8（otto design）

【服裝聯絡資訊】
Maison DixSept Inc. +81-3-3470-2100
otto design +81-3-6824-4059

編輯協力：杉本透子 Toko Sugimoto、藤倉忠和 Tadakazu Fujikura
責任編輯：石塚理恵子 Rieko Ishizuka
監修：長尾沙也加 Sayaka Nagao

線上讀者問卷 TAKE OUR ONLINE READER SURVEY

未來十年的模樣，
取決於現在的
生活與保養方式。

——————《美麗由此誕生》

請拿出手機掃描以下QRcode或輸入以下網址，即可連結讀者問卷。
關於這本書的任何閱讀心得或建議，歡迎與我們分享 ◡̈

https://bit.ly/3ioQ55B